DES POLDERS

ET DE LEURS INONDATIONS.

DES POLDERS

DE FLANDRE,

DE

LEURS INONDATIONS,

ET DE

L'ÉVALUATION DES DOMMAGES

ET DES FRAIS DE RÉPARATION.

Par C. F. L.

BRUXELLES,

ÉTABLISSEMENT ENCYCLOGRAPHIQUE, QUAI AU FOIN, N° 33.

IMPRIMERIE DE A. MERTENS.

—

1832.

AVANT-PROPOS.

Un traité des inondations artificielles des Polders
et autres terres pour la défense militaire du pays ,
est d'un intérêt plus général qu'on ne croit communément. Ces terres constituent une portion des
plus intéressantes des deux Flandres : leurs inondations peuvent s'étendre sur plus de 140,000 hectares des meilleures terres , non seulement de ces
deux provinces , mais encore de celle d'Anvers. Ces
propriétés , d'une valeur totale de passé 130 mil-
lions de florins, appartiennent en majeure partie
aux habitans des villes de Bruxelles , Anvers, Gand,
St.-Nicolas; Dendermonde , Audenaerde , Eecloo ,
Sas de Gand , Bruges , Damme , Ostende , Nieuport,
Furnes, Dixmude ; Ypres , Menin et Courtrai. La
partie restante appartient aux habitans des communes de leur situation ou circonvoisines; en un
mot 5,600 propriétaires, pris à une moyenne de
25 hectares de propriété , et au moins autant de
fermiers, sont intéressés à suivre l'examen de la question.

La brochure que nous annonçons est le fruit d'un
travail consciencieux; l'auteur , ancien arpenteur
et expert de biens ruraux , y a joint les leçons de

l'expérience à celles de la théorie. Son ouvrage, indispensable aux propriétaires et fermiers des pays inondés, est également utile aux autres propriétaires et aux agronomes. Les nombreux renseignemens et les principes qu'il contient, le feront, sans aucun doute, rechercher par tous les notaires, arpenteurs, huissiers, et généralement de toutes les personnes qui s'occupent d'expertise de biens ruraux et de productions agricoles.

Il suffira d'indiquer rapidement les différentes parties dont la brochure se compose.

1° Introduction.

2° Origine et importance des Polders, par progression de leur valeur sous trois dénominations différentes : marais, schorre, polder. Leur degré de fertilité et de dégénération depuis l'année 1602 jusqu'aujourd'hui. Le degré d'infériorité des Polders de la Flandre Orientale à ceux de la Flandre Occidentale ; leurs produits : animal, végétal, comestible, combustible. Valeur différentielle productive entre les Polders et les autres terres. Appréciation de leur valeur lors du traité de paix entre l'Empereur Joseph II et les États-généraux des Provinces-Unies, signé le 8 novembre 1785, basé sur celui de Munster.

3° Du mode d'évaluer les dommages, et observations sur le travail de M. l'Ingénieur en chef de la

Flandre Orientale. Classement par quatre. Description de la nature des terroirs en général.

4° Répartition des terres inondées entre les quatre classes, basée sur des opérations antérieures du même genre.

5° Des diverses sortes d'inondations : eau douce, eau saumâtre, eau salée, d'après trois époques différentes de l'année, et basées sur le flux de l'Océan du Nord.

6° Classification des dommages ordinaires et extra-ordinaires pour les propriétaires et les fermiers. Temps nécessaire pour restaurer les terres d'après la chimie et d'après la pratique, avec évaluation des frais.

7° Des inondations dans la Flandre Occidentale, indiquant le dommage pour chaque sorte d'eau et pour toute la province ; même des inondations provisoires.

8° Du droit à l'indemnité et du mode d'en faire la répartition d'après les constitutions, les lois et la raison.

9° Résumé de l'ouvrage, constatant les erreurs de l'évaluation faite par M. l'Ingénieur de la Flandre Orientale, par raisonnement et par chiffres.

La brochure est accompagnée de quatre tableaux importans et qui ont occasioné des calculs très-considérables.

DES POLDERS

ET

DE QUELQUES AUTRES TERRES DE FLANDRE,

DE LEURS INONDATIONS,

DE L'ÉVALUATION DES DOMMAGES ET DES FRAIS DE RÉPARATION.

INTRODUCTION.

Ce n'est point ici un livre que je me suis proposé de faire. Je ne suis ni publiciste, ni homme de lettres. Mais j'aime mon pays; à ce titre, je crois pouvoir dire ce que je crois être vrai et juste. Puisse mon intention mériter l'indulgence du lecteur !

Il a paru, depuis le commencement de cette année, une brochure de M. H. Vilain XIIII, membre de la chambre des représentans, sous le titre de *Coup-d'œil sur les Inondations des Flandres* (1).

L'honorable auteur de cet opuscule a eu pour but de démontrer, non les avantages, mais l'exécution de la clause du traité du 15 novembre dernier, relative à l'écoulement des eaux des Flandres. (2)

Je n'ai ni la mission, ni le dessein d'examiner, de

discuter l'ouvrage de l'honorable député de la Flandre Orientale; mais un fait m'a frappé à la lecture. Pour donner une idée des dommages causés aux possesseurs belges des terrains inondés , l'auteur a produit un Etat dressé par l'ingénieur en chef de la province : c'est le tableau indicatif des inondations dans le district de St.-Nicolas (Flandre Orientale). cet état évalue à plus de 688,000 fl. des pays-Bas (1,456,000 fr.)la perte qui résultera du moindre produit des terres inondées pendant le nombre d'années indiquées dans la 9e colonne. Il porte à passé 270,000fl.571,000 fr. les dépenses présumées nécessaires à la réparation et au rétablissement des digues et des écluses. Le résultat de ce tableauaéveillé mon attention, provoqué des observations et des calculs.

Depuis 1791 , la défense du pays ou du sol étranger a servi de prétexte à de fréquentes inondations. Qu'en est-il résulté pour la Belgique? souvent des pertes considérables, parfois même la ruine complette de familles nombreuses, propriétaires ou fermiers des parties inondées, et cela par suite du défaut d'indemnités ou d'une répartition vicieuse. Il y a plus : les divers gouvernemens qui se sont succédés pendant une période de 40 années , ont eux-mêmes été dupes des surtaxes dans l'évaluation des dommages occasionés.

Le fardeau a donc constamment pesé sur les malheureux habitans souffrant de l'inondation, mais plus spécialement encore sur les fermiers et sur le gouvernement. Ce dernier, il est vrai, comme en beaucoup d'autres matières, s'inquiétait peu de ce surcroît de charges publiques. Il lui suffisait, en effet, d'obtenir une augmentation des impôts payés par le peuple, pour faire face à cette augmentation de dépense. Mais, il semble permis de le dire, ce surcroît de charges était illégal, puisqu'il tirait son origine de la négligence ou des abus de l'administration.

Maintenant, la Belgique a cessé de languir dans un état de curatelle. Elle s'est affranchie du joug de l'étranger. Elle s'est constitué un gouvernement véritablement national. Celui-ci désire administrer dans l'intérêt du bien-être général : il doit donc vouloir employer deux moyens, qu'impose l'état actuel de notre civilisation ; la justice et l'économie.

Ainsi, en matière d'inondations, on est fondé à espérer que désormais l'évaluation du dommage et la répartition de l'indemnité se feront avec économie et avec justice.

La recherche du meilleur mode de procéder à cette évaluation et à cette répartition est une question d'intérêt général. Cette considération m'a enhardi à livrer au public cette brochure, fruit d'un travail consciencieux. La matière qu'elle traite me fait espérer de la voir favorablement accueillie par les agronomes, et par les fermiers. Ils forment une classe nombreuse, dont les derniers souffrent le plus par l'effet des inondations. Il faut même le dire, ils ont de tout temps été victimes du mode de répartition des indemnités qu'on employait en pareille circonstance et toujours sans leur intervention, quoiqu'ils fussent réellement parties intéressées.

Ce n'est pas seulement une classe particulière, mais la masse de la nation qui souffre d'une estimation fautive. En effet, en admettre une excessive ou qui excède la réalité du dommage, n'est-ce pas imposer une contribution injuste à un peuple entier? Et dans ce moment critique, où les affaires sont en complette stagnation, le peuple a déjà, certes, un assez lourd fardeau à supporter.

Les remarques qui précèdent suffiraient pour laisser entrevoir le but que je me propose. Mon dessein est de chercher et d'établir, d'une manière juste, l'appréciation des dommages causés par les inondations, en consultant l'intérêt des propriétaires, des fermiers et de l'Etat, et par conséquent l'intérêt général du pays.

Au sujet de cette indemnité, mes opinions (et mes calculs le feront voir) mes opinions, dis-je, diffèrent extrêmement de celles de M. l'ingénieur en chef de la Flandre Orientale. Ce fonctionnaire possède incontestablement les connaissances qui constituent un bon ingénieur. Mais qu'il me soit permis de faire observer que l'évaluation dont il s'agit exige une longue pratique en expertise de biens ruraux, une expérience qui procure la connaissance des localités. Les hommes, fort estimables d'ailleurs, sur lesquels il a dù se reposer pour établir ses calculs, ont pu errer et lui faire partager les conséquences d'une erreur, qui existe matériellement.

Ancien arpenteur et expert de biens ruraux et de produits agricoles, j'ai, par 22 années d'exercice, dans les deux provinces de Flandre et dans le département du Nord (France), acquis l'expérience en cette matière, avec les connaissances théoriques et pratiques. La réunion de la pratique à la théorie est une condition indispensable pour parvenir à déterminer, avec sécurité et sur une base solide et invariable, l'évaluation des indemnités résultant des inondations.

D'après ces considérations, j'ose espérer que le public jugera cet essai sans défaveur, et qu'il accordera un certain dégré d'utilité et quelque confiance au résultat de mes travaux. Si je ne suis point déçu dans cet espoir, j'aurai atteint le but de mes efforts et de mon ambition.

ORIGINE ET IMPORTANCE DES POLDERS.

Disons d'abord quelques mots de l'aspect général des deux Flandres.

Ce pays représente à la vue une vaste plaine, où l'œil se repose à peine sur de rares monticules. Il constitue une partie intéressante du canton géologique belge , auquel on donne le nom général de Flandre. Les plateaux les plus élevés de cette région se trouvent dans les environs de la Meuse, où ils ne s'élèvent pas plus de 200 mètres au-dessus du niveau de la mer. A partir de cette limite , le sol s'abaisse progressivement sur deux plans différens, qui se dirigent l'un vers l'occident et l'autre vers le septentrion. Il s'étend ainsi jusqu'à la mer et la Campine. Des plaines très-basses et unies se trouvent à l'extrémité; l'art est indispensable pour les mettre à l'abri des inondations. Outre les Flandres, cette région comprend encore la presque totalité du Brabant belge , la partie Sud du Limbourg, et plusieurs communes du pays de Liège.

Les *Polders* dont s'occupe cet ouvrage , s'éten-

dent, non seulement sur nos Flandres, Orientale
et Occidentale, mais encore sur cette partie de la
Hollande (Flandre zélandaise) généralement comprise et connue sous le nom de pays des états ou de
la généralité. Ces Polders sont un véritable produit
de l'Océan du Nord; ce sont d'anciens marais dessé-
chés, que la mer inonde à chaque marée, c'est-à-dire
deux fois en vingt quatre heures. L'eau trouble et
mêlée de la vase que l'onde charie, en dépose
chaque fois une certaine quantité sur les bas-fonds
argileux qu'elle recouvre. Ce dépôt constamment
renouvelé, s'accroît à la longue ; il finit par former
des terres très-grasses nommées *schorre* (3) qu'ensuite on entoure de digues, qu'on dessèche et met
en culture. Elles reçoivent alors la dénomination de
Polders, dont la majeure partie n'exige ni fumier ni
engrais; il faut toutefois excepter les prairies, auxquelles l'urine de vaches, etc., fait beaucoup de bien,
quoiqu'elles puissent s'en passer. Seulement tous
les cinq ou six ans, on donne aux Polders une année
de jachère simple ou sèche ; moyen unique et indispensable pour leur rendre leur fertilité et en même
temps les purger des mauvaises herbes, qu'il faut
nécessairement détruire par un labour d'au moins
deux sillons en été, afin de faire sécher leurs racines par l'ardeur du soleil (4). Quand, après plusieurs
années de culture en labour, on veut les convertir

en *prairies* (5), il suffit de trois ans pour en former
soit de bonnes pâtures grasses pour les parties hautes, soit de bonnes prairies pour celles moins élevées, soit enfin d'excellens prés à faucher pour les
bas fonds. On peut donc affirmer avec raison, que
les Polders sont les terrains les plus fertiles.

Qu'on ne croie pas, cependant, que cet état de
choses soit général et invariable. De même que les
autres espèces de terrains, les Polders offrent une
grande variété de qualités, et finissent par perdre,
d'épuisement, leur fertilité primitive, mais très-
insensiblement (6). On y rencontre fréquemment
des parcelles plus ou moins sablonneuses, arides,
ou un fond mélangé et mouvant, que resserre et
durcit l'action des fortes pluies. Ce mélange devient
tellement compact et solide, que les grains qu'on
y sème ne trouvent point dans la végétation la force
nécessaire pour percer la croûte qui couvre la surface du terrain, et dont l'épaisseur ordinaire est de
trois centimètres (7). Cela se voit particulièrement
dans les lieux où existèrent jadis des criques et
des coupures de dérivation pour faciliter l'écoulement des eaux pluviales, dites hautes, à travers ces
terres d'alluvion.

L'esquisse qu'on vient de tracer est celle des Polders de la Flandre Occidentale. Elle représente
également ceux de la Flandre Orientale et du pays

de la généralité. Là il y a origine et nature semblables à celles de la première province. Cependant
la fertilité de la seconde y est inférieure, à en juger
par *le temps de leur endiguement ;* je pense donc que
c'est par l'effet d'un patriotisme trop ardent que
M. Vilain XIIII, en parlant des Flandres en général,
dit : sans l'adjonction du pays de la généralité, *la
partie la plus fertile du royaume* serait toujours
exposée aux plus grands désastres des inondations (8).
Pareillement, quand il parle du Clara Polder : « Il
» conste de deux mémoires du directeur de la grande
» association du Capitalen Dam , que si ce Polder
» est inondé , plus de 30,000 arpens de terre et la
» superficie de cinq villages, déjà en grande partie
» couverts d'eau , deviendront entièrement incultes
» et dévastés ! Cependant *ce précieux terrain* paie
» annuellement plus de 150,000 florins de contribu-
» tion foncière à l'état , et donne l'existence à toute
» une population active et laborieuse (9). »

Il y a donc inégalité évidente entre les Polders des
deux Flandres , mais uniquement en fait de fertilité et à proportion du temps dont ils sont endigués;
à en juger de nouveau par le tableau de leurs productions respectives agricoles , *dites premières.*

Flandre Occident. Production animale : chevaux
grands et forts, excellens pour l'agriculture. Bétail le
plus grand, moutons idem, mais d'une laine de qualité

médiocre. *Végétale :* prairies naturelles , orge (10),
colzat, froment (11) et avoine. *Comestibles ,* beurre
excellent. *Combustibles :* tourbe à brûler.

Flandre Orientale. Mêmes productions; le froment en plus grande quantité, en outre le seigle.

Quant aux prairies, elles sont aussi inférieures.

À la vérité, on obtient toutes ces diverses sortes
de productions hors du territoire des Polders, dans
les terres appartenant au pays-nu ou au pays mixte
(c'est-à-dire moitié nu, moitié boisé). Mais la
disproportion est considérable. En comparant celles
des Polders à celles du pays nu, le rapport entre
elles est de 23 à 11, c'est-à-dire de plus du double.
La proportion entre les Polders et le pays mixte est
plus forte encore, car le chiffre est de 23 à 10 (12).
Cette différence frappante, constatée par une longue expérience, est toute à l'avantage des Polders.

Leur fertilité n'a pas peu contribué, au temps
de la réunion avec la France, à faire ranger la presque totalité des départemens de la Lys, de l'Escaut,
de la Dyle et des deux Nèthes, parmi les premières
terres de l'empire (13).

Peut-on s'étonner alors que nos anciens souverains
aient pris et manifesté un intérêt vif et continuel au
sort de cette portion du territoire Belge? Une multitude d'ordonnances législatives ou réglementaires ,
émanées depuis le commencement du 16e siècle, dé-

posent de la sollicitude des gouvernemens pour tout ce qui concernait la matière ; l'établissement, l'entretien et la réparation des digues ; le soin pour l'écoulement des eaux ; la construction, la direction et le jeu des écluses ; le mode de fixer et de répartir les charges et l'indemnité accordée par suite des inondations. Tout prouve l'importance qu'on attachait à ce qui avait rapport à ces divers objets.

Un traité de paix conclu entre l'Empereur Joseph II et les Etats-Généraux des Provinces-Unies, et basé sur celui de Munster, fut signé à Fontainebleau, le 8 novembre 1785. L'Empereur, voulant soigner l'intérêt de ses sujets belges, obtint en leur faveur la disposition suivante :

« Art. 16. Leurs Hautes Puissances ayant déclaré
» que leur intention était de dédommager ceux des
» sujets de S. M. I. qui auraient soufferts par les
» inondations, elles s'engagent à acquitter pour cet
» effet à S. M. I. une somme de cinq cent mille flo-
» rins, même cours (argent courant de Hollande).

Plusieurs ordonnances accordèrent des faveurs aux nouveaux Polders ; elles les déchargèrent pour de longues années de toute contribution aux impôts, et prolongèrent la durée de cette exemption.

L'inondation était un autre titre à pareille faveur ; c'est ainsi que, indépendamment d'autres mesures pour soulager les maux, il fut (en 1587 et 1611 p. e.)

accordé aux propriétaires une remise des charges et arrérages échus pendant les inondations, des rentes assises sur les wateringues, si toutefois d'autres hypothèques n'y étaient affectées.

L'importance de l'administration avait fait **créer** l'emploi d'un Surintendant et Dyck-grave général de Flandre et de Brabant. Ses attributions étaient fort étendues ; voici celles que lui conférait une instruction en date du 12 août 1588 :

1º La direction des ouvrages à faire, tant pour recouvrer et réendiguer les terres inondées, que pour conserver les autres portions, les écluses, etc.

2º L'autorité sur les officiers préposés aux digues.

3º La réception du serment de ces officiers, et l'émission des ordonnances et instructions à leur usage.

4º La surveillance sur ses inférieurs, le soin de provoquer, le cas échéant, leur révocation et leur remplacement

5º Le droit d'engager les moyens accordés par les quatre membres de Flandres, de l'avis de leurs députés, afin de trouver des deniers comptans dans l'intérêt du travail des digues.

6º L'inspection de la comptabilité, à ce sujet, des receveurs des quatre membres, et celle des trésoriers des digues, chargés de faire les paiemens sur les seuls mandats du surintendant ou de ses substituts.

7° La faculté de faire, au surplus, tout ce qu'il jugerait convenable pour l'exécution des devoirs de sa charge.

Les détails qui précèdent suffisent pour faire juger du prix que l'on attachait à l'existence des Polders, et qui n'a que très-peu diminué de valeur, en égard aux dates des endiguemens.

DU MODE D'ÉVALUER LES DOMMAGES

*Et observations sur le travail de M. l'Ingénieur
de la Flandre Orientale.*

Pour déterminer l'indemnité à accorder pour le fait des inondations, il faut procéder à l'évaluation des dommages en résultant, d'une manière équitable et qui satisfasse toutes les parties intéressées. Où trouver les bases d'une semblable évaluation?

Monsieur l'Ingénieur les fait consister en deux parties, que j'adopte aussi pour établir mes opérations :

1º *La perte* qui résultera du moindre produit des terres inondées, depuis l'inondation jusqu'au moment où toute trace en aura disparu ;

2º *Les dépenses* nécessaires à la réparation des digues et des écluses.

Voyons maintenant quels sont les élémens du calcul pour la première partie. Je ferai, comme M. l'Ingénieur, consister ces élémens en ce qui suit :

Le classement des surfaces inondées ; le produit

moyen par hectare (14), selon la nature et la qualité des divers terrains ; le temps nécessaire pour que ces terres inondées soient redevenues aussi productives qu'avant l'inondation.

Je m'en rapporte à M. l'Ingénieur pour l'indication des chiffres, quant aux surfaces inondées.

Afin de bien établir le produit moyen par hectare, avant l'inondation et pendant la durée de ses effets, il est indispensable de ne point perdre de vue :

Que non-seulement les Polders varient entre eux par les qualités du terrain et la nature des produits, mais encore que les mêmes différences se font remarquer entre les diverses parcelles d'un même Polder ;

Que par conséquent il faut soigneusement relever dans chaque Polder les quotités, en mesures agraires, appartenant, à chaque classe, en raison de la qualité et de l'usage du terrain ; pour additionner ensuite le chiffre de chaque classe ;

Qu'après avoir ainsi établi ces séries différentes et le produit moyen de chacune d'elles par hectare, il reste encore à examiner combien de temps chaque classe, soit par ses qualités, soit par la nature de l'emploi, restera soumise aux effets de l'inondation ; c'est-à-dire, indiquer l'époque où toute trace de l'inondation aura disparu.

Mais avant de procéder à cet examen et de juger si dans le travail de M. l'Ingénieur on a employé toutes ces précautions, il ne sera pas inutile de rappeler un certain nombre de faits et de principes pour la facilité des personnes qui n'auraient pas fait de la matière une étude spéciale.

Tout le monde sait qu'il existe quatre espèces principales de terroirs : la terre végétale, bonne de sa nature et qui en général exige peu de soin et d'engrais; la terre argileuse qui est forte et très-compacte ; la terre sablonneuse, légère et fort poreuse ; et la calcaire qui, d'ordinaire, contient une forte partie de chaux et qui, conséquemment, est chaude de sa nature. On obtient une bonne terre par le mélange des trois dernières espèces. Mais les proportions plus ou moins fortes de ce mélange, la situation et le climat du lieu, étant susceptibles de varier extrêmement, influent sur la nature de cette terre composée (15).

Celle des Polders n'a point de parties calcaires. D'après ce que j'en ai dit, en traitant de l'origine et de l'importance des Polders, on a vu qu'ils appartiennent en majeure partie aux bonnes terres. Mais de la variété qu'on remarque dans leurs qualités, résulte aussi de grandes différences dans les produits.

L'expérience a conduit à les diviser en quatre

classes , dont chacune comprend des terres arables et des prairies dans le sens le plus général donné à cette dénomination (16).

La *première classe* est celle des pâtures grasses , et des terres à labour les plus grasses , non trop compactes, mais telles que par un temps sec elles cèdent à l'effet de la herse, s'éparpillent ou se pulvérisent avec facilité , même naturellement ; c'est cette sorte de terre qu'en terme vulgaire les laboureurs nomment *grainée*, parce que ses gros morceaux se réduisent en une multitude de parcelles de grosseur égale à celle du bled froment , sans cependant que ces subdivisions soient compactes. En un mot , elles ressemblent parfaitement à une taupinière nouvellement poussée (17).

La *seconde* se compose de prairies de seconde qualité, ainsi que d'une terre à labour moins grasse et plus compacte que celle de la première classe. Elle est moins propre à la culture , parce qu'elle est moins fragile et ne se rompt pas assez fin devant la herse ; elle laisse ainsi beaucoup de gros morceaux , et ne fournit pas à la semence autant de nourriture que les terres de première classe , la racine ne pouvant pomper avec la même facilité les sucs nécessaires à la végétation.

La *troisième* comprend les prés à faucher : il en est, ai-je dit, dont les produits égalent ceux des pâtures ; mais ce cas est très-rare dans les Polders , et, généralement parlant, le pré à faucher est inférieur à la prairie. La terre à labour de cette classe, sans être bien sablonneuse , est cependant plus ingrate que celle des deux précédentes (18).

On range dans la *quatrième* les prairies et prés à faucher de qualité très-médiocre , ainsi que la terre à labour qui se compose d'un mélange d'argile et de sable.

Dans son estimation des dommages, M. l'Ingénieur a admis cette classification (19) pour le territoire de la Flandre Orientale ; je l'adopte aussi pour point de départ de mes opérations.

En fait de classement, j'ai donc pris le chiffre quatre, dont on s'est servi en matière de cadastre, et dont on se sert aussi pour les Polders en Hollande. D'ailleurs, il me sera ainsi plus facile de suivre les calculs de M. l'Ingénieur , et de combattre les erreurs que j'ai cru y rencontrer.

RÉPARTITION DES TERRES INONDÉES

ENTRE LES QUATRE CLASSES DÉSIGNÉES.

Ainsi que je l'ai dit précédemment , c'est là la première opération. Il faut donc désigner aussi approximativement que possible , la quotité d'hectares de chaque Polder, qu'il faut admettre dans chaque classe. C'est, comme on peut le voir au tableau , ce dont M. l'Ingénieur ne s'est point occupé. Quant aux Polders même de la Flandre Orientale , il s'est borné à assigner une classe pour chacun d'eux. Cependant on conçoit sans peine que les parties dont ils se composent , sont entre elles de nature et de valeur bien différentes : et en réalité , tel est le fait.

Pour réparer cette omission , il fallait se livrer à des calculs minutieux, et d'après des données irréfragables. C'est ce dont je me suis occupé en me servant des opérations faites par l'autorité, à l'occasion :

1° De l'évaluation , en 1823, des dommages à résulter, par les trois sortes d'inondations (20) pour la défense des places fortes (21).

2º De l'appréciation faite en 1824, pour l'officier chargé de dresser un plan de défense des deux Flandres (22).

3º Des opérations du cadastre pour les deux provinces.

Des calculs consciencieux et fondés sur de telles autorités m'ont conduit à des résultats bien différens de ceux obtenus par M. l'Ingénieur, et que je consigne dans le tableau suivant (23).

CLASSES DES TERRES.	Centièmes.	NOMBRE D'HECTARES SELON		EXCÉDENT PAR CLASSE, SELON	
		L'INGÉNIEUR	MOI.	L'INGÉNIEUR	MOI.
Première.	15	45	594	»	549
Seconde.	35	2,201	1,386	815	»
Troisième.	35	928	1,386	»	458
Quatrième.	15	787	595	192	»
Totaux égaux.		3,961.	3,961	1,007	1,007

Quant aux Polders du territoire contesté (dits *Clara* et *Passegueule*), M. l'Ingénieur n'a nullement indiqué le nombre d'hectares de chaque classe; voici, d'après mon calcul établi sur les mêmes données que le précédent, comment cette répartition doit avoir lieu :

Première classe.	110	hectares.
2ᵉ	257	»
3ᵉ	257	»
4ᵉ	111	»

Chiffre égal à celui de cet officier. 735 »

Dans les chiffres que j'ai adoptés pour les terres de première classe, se trouvent comprises différentes parcelles isolées, de qualités intrinsèquement inférieures, et qui par conséquent sembleraient ne devoir point y figurer. Expliquons cette contradiction *apparente*.

Ces parties sont celles qui avoisinent les villes, villages, hameaux, etc., où elles sont plus à la convenance des amateurs. Leur situation avantageuse les fait rechercher avec avidité ; elle facilite l'exploitation dans des vues d'utilité ou d'agrément ; elle y fait attacher des prix élevés et arbitraires. Un grand nombre d'actes de vente et de baux authentiques déposent de l'exactitude du fait.

Dans la Flandre Occidentale on loue souvent de ces terres appartenant à la 3ᵉ classe, par petites parcelles, à des gens qui récoltent leur propre provision de pommes de terres ; le prix le plus bas est de 10 cents la verge : à raison de 678 par hectare, fait 67 florins 80 cents. La pomme de terre est un fruit de printemps dit d'été, qui diminue fort peu la fertilité du terrain et qui d'ailleurs le purge de toutes mauvaises herbes et racines, parce que l'on est obligé de remuer très-souvent la terre pour la cultiver avec succès ; ensorte qu'elle est en partie en jachère (voyez page 11). Il en est de même pour le prix des jardins potagers qu'on rencontre fréquemment autour des villes, etc.

Quant aux prairies, l'on paie communément 22 cents par jour pour chaque vache laitière ; on en nourrit deux par hectare, la saison est de six mois à partir de la mi-avril jusqu'à la mi-octobre, donc 182 jours et demi, faisant fl. 80-30.

Ce que je viens de dire, se pratique en matière de sous-baux. Quant aux principaux, ils sont de fl. 60 et fl. 68, pour les sortes ou qualités dont s'agit.

DES DIVERSES SORTES D'INONDATION.

Les Polders sont sujets à trois diverses espèces d'inondations : par l'eau douce, par l'eau saumâtre, et par l'eau salée.

Quoiqu'il ne soit principalement question dans cet ouvrage que de la dernière sorte, l'auteur a cru, dans l'intérêt général, pouvoir et devoir même tracer une esquisse des deux premières. Il donne d'ailleurs, à la fin de sa brochure, le relevé par approximation de chacune de ces trois inondations pour toute la province de la Flandre Occidentale.

Il convient donc de poser ici les principes généraux et des règles spéciales, propres à constater le degré de dommage de ces différentes espèces, aux diverses saisons.

L'expérience fait connaître que l'année se divise ordinairement en trois parties égales, quant à l'époque où chaque sorte a lieu : cette division fait l'objet du tableau suivant :

1re Époque.

INONDATION PAR L'EAU DOUCE.

La deuxième moitié d'oct. » 1/2
Novembre. 1
Décembre. 1
Janvier. 1   } 5 1/2
Février. 1
Mars. 1

2e Époque.

INONDATION PAR L'EAU SAUMATRE.

Avril. 1
Mai. 1   } 2.

3e Époque.

INONDATION PAR L'EAU SALÉE.

Juin. 1
Juillet. 1
Août. 1   } 4 1/2
Septembre 1
première moitié d'oct. . » 1/2
____
Total de l'année. . 12 mois.

INONDATION PAR L'EAU DOUCE.

C'est fréquemment vers la mi-septembre, que les pluies tombent en abondance. Au milieu du mois suivant elles inondent tous les bas-fonds, au point de faire naître l'impossibilité de mettre ces terres à sec avant le mois d'avril; et cette impossibilité résiste à tous les efforts employés pour évacuer les eaux à l'aide des écluses d'écoulement des wateringues. De là une inondation naturelle et périodique de ces parties basses pendant la première époque.

Pour inonder les terrains plus élevés, on empêche l'écoulement des eaux. Dès lors et en peu de temps, tout le pays qu'elles recouvrent ressemble à une mer d'eau douce; les villages, les hameaux et une partie de leurs environs, seuls, sont au-dessus du nivellement ordinaire.

Loin de nuire à tout ce qu'elle submerge, cette mer contribue beaucoup à la fertilité des prés à faucher, par la vase qu'elle y dépose et qui leur sert d'engrais. Sous ce rapport l'inondation est donc utile. Elle s'étend aussi, naturellement, chaque année, sur les prairies d'une qualité médiocre; de sorte qu'une inondation artificielle, pendant la période dont je parle, ne leur cause aucun préjudice.

Le dommage atteint uniquement les pâtures, les bonnes prairies et les terres à labour.

INONDATION PAR L'EAU SAUMATRE.

En avril et mai. A cette époque, la lune de mars exerce son influence. Elle cause de grandes marées, qu'augmentent encore les vents continuels qui soufflent de la partie du Nord-Ouest (24).

De cette circonstance naît un des obstacles à l'écoulement de la surabondance des eaux pluviales. Celles-ci prennent leur cours à travers les terrains bas et voisins de l'Océan, partie directement et partie par les rivières navigables où se fait encore sentir l'effet du flux et du reflux. Les bas fonds sont donc alors fortement imbibés d'eau douce, et les fossés remplis. A la vérité, on fait pendant la basse mer jouer toutes les écluses de décharge, afin d'amener les eaux au niveau d'été; mais leur jeu ne suffit pas à l'évacuation. D'autre part, la chaleur du soleil n'est pas encore assez forte, pour donner au sol, conjointement avec les aquilons, le degré de sécheresse nécessaire à la culture.

On voit qu'à cette époque, l'inondation se compose de deux sortes d'eaux : la surabondance des pluies et l'onde salée, remontant les rivières par l'effet des fortes marées et des fréquens ouragans.

L'eau devenue saumâtre par son mélange avec l'eau de mer, nuit naturellement davantage à la fertilité du sol; elle accroît le dommage (25). Le calcul de l'indemnité doit donc, en ce cas, se faire d'une autre manière que celle pour l'inondation par eau douce. Il est généralement admis par les agronomes, que le sel est un poison redoutable à la culture. Il faut convenir néanmoins que beaucoup de personnes exagèrent les propriétés nuisibles de l'eau de mer sur les terres. On s'en forme des idées plus chimériques que raisonnables; elles sont le fruit de préjugés fortement enracinés et dont on ne parvient à corriger l'homme que par une longue série d'expériences.

Les effets de l'eau salée sur les terres et le moyen de les détruire dans un court espace de temps, même en deux années, doivent faire l'objet d'observations spéciales.

L'INONDATION PAR L'EAU SALÉE

Commençant au mois de juin, s'opère par l'eau de mer exclusivement, car les eaux douces ayant pris le niveau d'été, on ne peut les relever que par celles de l'Océan. Il arrive souvent même que, durant les temps chauds et la sécheresse, il y a pénurie d'eau douce pour abreuver le bétail.

Cette sorte d'inondation cause encore plus de dommage que la précédente ; et la proportion entre elles est la même que de la seconde à la première : c'est-à-dire qu'il faut ajouter moitié pour les opérations nécessaires à la purification du sol. Celui-ci, alors très-sec , s'est conséquemment imprégné des matières salines que les eaux de l'Océan y ont déposées en plus grande quantité.

CLASSIFICATION DES DOMMAGES.

D'après ce que je viens de dire au sujet des inondations, je suis conduit à regarder les dommages comme étant de deux sortes, *ordinaires* ou *extraordinaires*.

J'entends par *dommage ordinaire*, celui qui doit nécessairement résulter de toute espèce d'inondation, quelle que soit, d'ailleurs, la nature de l'eau qui y a servi; et par *dommages extraordinaires*, le tort particulier que fait aux terres, le dépôt de matières salines dans le cas d'inondation par l'eau saumâtre ou par l'eau de mer, ainsi que les frais nécessaires à la réparation de ce tort.

Quant à la première sorte, j'établis d'abord un fait. Le dommage ne se borne pas à la perte du prix de fermage que le métayer paie au propriétaire hors des produits de sa récolte : il comprend encore les frais auxquels le fermier reste toujours soumis pour l'exploitation de la chose louée.

Parmi ces frais il faut ranger :

Les contributions, les taxes des Wateringues et

celles communales, qui sont toujours à charge du fermier ;

Les gages des domestiques et salaires des gens de peine ;

L'entretien des ustensiles nécessaires à l'exploitation ;

Les réparations locatives ;

Les frais de sarclage et de recolte ;

La nourriture des domestiques, des gens de peine, des chevaux et des bestiaux, et la perte de ces derniers ; etc.

Or, l'expérience a fait reconnaître que ces diverses charges s'élèvent généralement à une somme égale au prix du fermage : que si par exemple le bail d'une ferme est à raison de fl. 45 par hectare, il faut également compter ces frais à fl. 45 par chaque hectare.

Les frais que je viens d'énumérer ne sont pas les seuls auxquels le fermier est assujetti. Il lui en incombe encore d'autres, qui nécessitent souvent des sacrifices pour le maintien et l'ameublement entier de sa métairie. Ainsi il est maintes fois contraint d'acheter le fourrage à de hauts prix, ou forcé même de vendre à vil prix une partie de ses bestiaux. C'est ce qui arrive surtout lorsque la submersion est de longue durée.

Ce raisonnement palpable, n'est applicable qu'en

partie à l'année 1830, tableau A, et entièrement à l'année 1831, tableau B.

Il faut supposer que le cultivateur aura, pour 1832, proportionné ses domestiques, chevaux, bêtes à cornes, etc., à l'exploitation de ses terres non inondées ; ensorte qu'il ne doit rien lui rester à réclamer.

Quant aux propriétaires, le cas est différent : ceux-ci doivent naturellement être indemnisés pour le temps que durera l'inondation, puisqu'ils seront privés pendant cette période du revenu de leurs biens.

Parlons maintenant du dommage extraordinaire. D'après la définition que nous en avons donnée, on voit qu'il a lieu dans l'inondation par eau saumâtre comme en celle par eau salée. Quelles sont les opérations, quels sont les frais nécessaires pour en réparer les effets ?

D'APRÈS LA CHIMIE.

Nous avons soumis cette question à plusieurs chimistes et à d'autres personnes éclairées. Les renseignemens et les explications qu'on nous a donnés pour réponse, ont conduit à cette conclusion : que par suite de l'inondation dont s'agit, les terres inondées ne sont rendues à leur état de fertilité antérieure qu'après un terme de trois années ; et que pendant cette période, on obtient encore des produits, inférieurs à ceux qui les ont précédés, mais annuellement progressifs ; de sorte qu'il faut compter à une année de revenu la perte, que représentent les frais de restauration des terres à l'aide de la chaux.

Nonobstant cette théorie, je crois ne pouvoir me dispenser de mettre sous les yeux de mes lecteurs les observations de l'expérience :

D'APRÈS LA PRATIQUE.

Alimens de la terre, les engrais n'entretiennent et n'accroissent pas seulement sa fertilité ; ils servent encore à corriger sa nature.

L'espèce d'engrais convenable varie selon l'espèce du terroir. L'expérience a prouvé que pour corriger une terre humide et froide, il faut, outre l'écoulement des eaux, faire usage d'engrais très-échauffans. Parmi ceux-ci, la chaux tient le premier rang : c'est là un effet de ses propriétés chimiques.

C'est donc la chaux qu'il convient d'employer pour les terres qui ont souffert des deux sortes d'inondations dont s'agit. Depuis l'inondation en Hollande en 1818, surtout, on a mieux reconnu qu'elle favorise la culture des terres entièrement

imbibées d'eau de mer ; elle fournit encore un engrais excellent par son mélange avec la vase dépo-
sée (26) , et produit même des récoltes satisfaisan-
tes notamment en colzat, pour lequel le labour ne
doit pas dépasser la profondeur de dix centimètres (27) — On a également reconnu que les ter-
res ainsi alimentées et cultivées la première année, étaient aussi avancées à leur restauration , à
la fin de la deuxième, que celles de trois années
sans engrais (28).

Il importe cependant de faire observer ici que ,
de même , qu'en général une trop grande quantité
d'engrais nuit à la végétation, de même aussi la
continuation de l'emploi de la chaux serait désa-
vantageuse à la culture des Polders. Il convient de
prendre en considération l'époque de leur origine.

Chaque inondation , délétère pour le sol qu'elle
couvre , exige, pour accélérer d'une année la purification ou la restauration , une quantité de chaux ,
que j'évalue au même pied qu'en 1823, pour la
défense des places fortes; c'est-à-dire , à une année
de fermage pour l'eau salée , et à moitié pour celle
par l'eau saumâtre. Donc , pour la première une
moyenne de fl. 45 par hectare , et pour la seconde
celle de fl. 22-50.

Comme il s'agit ici de cette espèce d'inondation,

c'est de la première moyenne que je me suis servi pour faire les calculs du tableau D.

Ainsi, on peut dire que les dommages extraordinaires consistent :

D'après la chimie, en une année de fermage à bonifier aux propriétaires, pour leur tenir lieu de la réduction qu'ils seront obligés d'accorder aux fermiers, pendant les trois premières années qui suivront l'évacuation des eaux.

D'après la pratique, à pareille somme, nécessaire pour accélérer d'une année, la restauration du sol, comme il s'agit ici d'une charge publique, qui, en définitive, retombe sur le peuple entier, il serait, ce me semble, à désirer, que le gouvernement fournît lui-même la chaux, afin de s'assurer du bon emploi des fonds pour ce alloués. On éviterait aussi de cette manière toutes les contestations qui peuvent naître de ce chef entre les propriétaires et les fermiers.

Temps nécessaire pour que les terres soient rede-
venues aussi productives qu'avant l'inondation.

Dans son tableau, M. l'Ingénieur de la Flandre
Orientale évalue à dix ans, le temps nécessaire pour
la plus grande partie des terres des Polders dans
cette province; seulement il l'estime à cinq ans pour
200 hectares, et à deux pour 1019 hectares.

J'ignore quelles bases ont servi à cette fixation;
mais je les crois fautives, et ce qui précède me pa-
raît suffire pour justifier mon opinion.

DES INONDATIONS DANS LA FLANDRE OCCIDENTALE.

Cette province, la plus fertile de la Belgique, est aussi celle qui a le plus à redouter les inondations artificielles. Son système de défense, salutaire au pays entier, est établi sur des bases gigantesques et ruineuses.

Ses canaux de navigation et d'écoulement ont leurs écluses de décharge dans l'enceinte des fortifications des villes d'Ostende, Nieuport, Ypres et Menin. En temps de paix, ils servent donc à la prospérité du commerce et de l'industrie ; mais en temps de guerre, ces mêmes causes de protection peuvent, dans l'espace de 24 heures, anéantir bien des fortunes auxquelles elles ont contribué.

Les quatre places fortes que nous avons nommées ne sont pas le plus à craindre, puisqu'elles sont en notre pouvoir. Il n'est pas à croire que le gouvernement belge se décide à user d'un moyen de défense aussi désastreux, sans y mettre d'abord la plus grande circonspection.

Mais il n'en est pas ainsi de la ville de l'Écluse. Cette ville forte est pour nous d'autant plus redoutable, qu'elle appartient à la Hollande et qu'elle tient les clés des canaux qui commandent notre pays à la frontière du Nord-Est, entre la Flandre Occidentale et la Zélande. Ce cinquième point ajoute, selon le caprice ou la méchanceté d'un voisin, d'un ennemi, au mal que causeraient en cas de nécessité les quatre villes belges ; ensemble, elles achèveraient l'œuvre de la ruine et de la dévastation.

Si, par besoin ou autrement, on a recours aux moyens d'inondation, il se forme à chacune des cinq places fortes une vaste mer, du côté accessible à l'ennemi. Cette inondation, pour les trois places maritimes, se compose d'eau douce, saumâtre ou salée, selon la saison où elle a eu lieu : pour Ypres et Menin, elle est toujours d'eau douce.

Presque toujours élevés au-dessus du niveau ordinaire, les villages et les hameaux, une partie de leurs environs et quelques terres éparses, se montrent seuls au-dessus de la surface inondée. Au-delà de cinq kilomètres, l'inondation est insignifiante ; elle n'atteint que les terres qui bordent les canaux et diminue progressivement : à un et un quart de myriamètre plus loin, elle n'existe plus. Les limites de l'inondation sont donc, en ligne droite, à la distance de 1 3/4 myriamètres de chacune des cinq villes. — La surface totale inondée par Ostende et Nieuport est donc de   hect. 35,000

L'ÉCLUSE ne peut faire jouer les eaux qu'en submergeant en partie le territoire de la Zélande. On peut évaluer la partie du sol belge soumise à l'inondation, à la moitié du chiffre pour l'une des deux villes qui précèdent.   8,750

Le plat pays autour d'Ypres et de Menin, est moins coupé de ces canaux de communication, qui portent au loin les eaux. La portion de leur territoire susceptible d'inondation, peut être équivalente à celle de l'Écluse.   17,500

TOTAL, hectares.   61,250

Les effets de l'inondation frappent donc sur une surface énorme, d'une valeur très-considérable, car les propriétés les plus fertiles sont toujours celles qui avoisinent les eaux. Souvent elles sont ou le produit, ou arrosées en certaines saisons, de ces eaux qui y déposent la vase qui leur sert d'engrais.

La surface du sol, il est vrai, n'est pas entièrement inondée ; ainsi que je l'ai dit, les terres les moins hautes, seules, le sont. Toutefois on ne doit pas perdre de vue que l'inondation rend les terres plus élevées, toujours plus ou moins, et souvent

entièrement , inaccessibles aux bestiaux , aux chevaux et aux instrumens aratoires. Il devient donc,
sinon constamment , au moins très-fréquemment.,
impossible de. tenir ces terres en culture.

MODE DE CONSTATER LE NOMBRE D'HECTARES INONDÉS.

La surface totale du territoire inondé
est de   hect.   61,250
A déduire :

1° La quantité de terres au-dessus du
niveau ordinaire de l'eau ou insubmer-
geables ; elle est évaluée à la moitié du
chiffre total   30,625

2° Les canaux de navigation
et d'écoulement , les grandes rou-   } 32,768
tes, chemins publics, etc., calculés
à raison de sept pour cent sur
l'autre moitié.   2,143

L'inondation complète frappe donc
sur   hect.   28,482

INONDATION PAR L'EAU DOUCE.

D'après la règle que nous avons précédemment établie, page 29, il faut encore
déduire de ce nombre, dans le cas d'inondation par eau douce :

1° Les prés à faucher inondés naturel-

à reporter.   28,482

lement chaque année à époque fixe, de la mi-octobre à la fin de mars, cette inondation naturelle faisant leur fertilité par la vase que l'eau y dépose et qui leur sert d'engrais: j'évalue cette classe à dix pour cent sur les 30,625 hectares, parce que toutes sont comprises dans l'autre moitié formant la partie la plus basse.   3,062

2° Les prairies de qualité médiocre se composant de fonds plus ou moins bas, également inondées naturellement et auxquelles l'inondation artificielle ne cause aucun dégât; elles sont comptées ici à cinq pour cent.   1,531

3° Les blanchisseries, estimées à un demi pour cent.   153

4,746

L'inondation par l'eau douce n'endommage donc, en négligeant les fractions, que

hect.   23,736.

Le rendage de ces terres est calculé à fl. 33 par hectare. En effet parmi ces terres il se trouve beaucoup de Polders de qualité supérieure à ceux de la Flandre Orientale, et certainement de première classe pour toute la Belgique; il est juste de leur

(45)

appliquer ce qui a été déjà dit à propos de leur
valeur en général. L'évaluation totale, sur ce pied,
est donc de   fl. 783,288

Déduisant de cette somme un quart
pour les terres en jachère, et pour celles destinées à une récolte de grains
d'été, etc.   195,822
                                                    ———————

L'indemnité pour dommage se réduit
à   fl. 597,466
                                                    ═══════════

Sauf le dommage causé aux digues, au grandes
routes, etc., par les coupures faites pour faciliter
l'écoulement de l'eau, pour inonder. La fixation de
cette espèce de dommage appartient aux gens de
l'art.   *Mémoire.*

Il importe de faire observer que si l'inondation
cesse, aux époques ci-dessous indiquées, le dommage doit se réduire, en faveur des fermiers seuls,
savoir :

   1° Pour le mois de novembre à   fl. 40,000

   2°   »   décembre et janvier.   60,000

   3°   »   février.   75,000

   4°   »   mars.   100,000

Pour ménager les intérêts du pays, on peut, de
la mi-novembre à la mi-février, tenir les eaux à
une hauteur telle, qu'elle ne laisse rien à désirer pour
achever l'inondation dans l'espace de 24 heures.

Alors il n'y a lieu à indemnité que pour les communes les plus proches des villes fortes. J'évalue
cette indemnité à fl. 100,000, somme égale à celle
du n° 4 ci-dessus. Les eaux doivent donc être tirées
au mois de mars ; passé cette époque, il y a lieu à
indemnité pour inondation complète d'après l'évaluation qui précède.

INONDATION PAR L'EAU SAUMATRE.

Cette sorte d'inondation s'opère en avril et mai,
et uniquement par Ostende, Nieuport et l'Écluse.
Il n'y a pas lieu à déduire les prés à faucher, prairies, blanchisseries, parce que tout est maintenant
submergé artificiellement. Cette inondation couvre,
pour les deux premières places, 35,000, et pour la
troisième 8,750 hectares; ensemble, hect.   43,750
Seulement il y a à déduire :
Les terres au-dessus du niveau commun
évaluées à la moitié;   hect. 21,875⎫
  Et sept pour cent sur cette moi-   ⎬ 23,406.
tié, pour les canaux, etc.   1,531⎭

L'inondation est de   hect.   20,344

Le plat pays autour de ces villes renferme les
Polders de première classe, et en outre les terres

ordinaires les plus fortes et les plus productives.
Un revenu moyen de 36 fl. peut servir de base et
donne   fl. 732,364

Ajoutant le montant pour la restauration chimique ou pratique ci-dessus établi , pag. 35 et 36, qui est de moitié d'une
année de fermage.   366,182

       Ensemble , 1,098,546

Déduisant pour les terres en jachère, etc.,
un vingtième des 732,364.   36,618

Il reste pour Ostende , Nieuport et le
sol belge près de l'Écluse.   1,061,928

Ajoutant à cela , ce que coûte à cette
époque , une inondation par Ypres et
Menin , toujours par l'eau douce , frap-
pant brut sur   hect. 17,500·

Faisant les soustractions : d'abord
de la moitié pour les terres in-
submergeables ,   8,750

Et en second lieu sept
pour cent, sur moitié, pour   9,362
les canaux, etc.   612

L'inondation couvre hectares. 8,138

à reporter. 1,061,928

Le plat pays autour de ces villes ne renferme ni Polders ni terres fortes équivalentes à celles autour des villes qui précèdent ; j'estime le revenu commun , par hectare, à 30 fl. ; donc. 244,140

Otant vingt pour cent pour jachère , etc. 12,207

Le dommage pour Ypres et Menin est de 231,933.

Total effectif du dommage pour l'inondation des mois d'avril et mai , non compris celui des digues, etc. , fractions négligées. 1,293,861

Si la nécessité n'y met obstacle, on peut dans l'intérêt du pays , pendant cette partie de l'année (avril et mai), tenir l'eau douce à une hauteur convenable , pour opérer l'inondation dans l'espace de vingt-quatre heures. Si on se borne alors à cette précaution ou inondation provisoire , l'indemnité se réduit (entièrement pour les fermiers), à fl. 300,000

INONDATION PAR L'EAU SALÉE.

Elle couvre la même surface que celle par eau saumâtre ; le prix est le même : donc fl. 732,364
Pour frais de restauration , au double à celle pour l'eau saumâtre.   732,364

1,464,728

De plus le dommage pour Ypres et Menin , ci-dessus, calculé sans déduction pour jachère , etc.   244,140

Le total est de fl.   1,708.868

Et s'il ne s'agit que d'une mesure de précaution , d'une inondation provisoire , l'indemnité entière est due aux fermiers , et de 300,000 fl.

COMPARAISON ENTRE LES TROIS SORTES D'INONDATIONS,

AUXQUELLES LA FLANDRE OCCIDENTALE EST SUJETTE.

DURÉE DES INONDATIONS.	1° EAU DOUCE.		2° EAU SAUMATRE.		3° EAU SALÉE.		OBSERVATIONS.
	hect.	fl.	hect.	fl.	hect.	fl.	
Pour une année. . .	23,736	1,074,932	28,482	2,221,540	28,482	2,685,372	Les sommes doublées , p. 33 et le montant pour la restauration des terres ajoutés.
Préparatoire. . . .	» »	100,000	» »	300,000	» »	300,000	
Quand elle cesse au 1er nov.	» »	40,000					
Idem, décembre et janvier.	» »	60,000					
Idem , février. . . .	» »	75,000	Non applicables pour ces deux sortes.				
Idem, mars.	» »	100,000					

ÉTAT DIFFÉRENTIEL ENTRE CHAQUE SORTE D'INONDATION COMPLÈTE.

	Hectares.	Florins.
La différence entre la première et la seconde espèce est de. . . .	4,746	1,146,608.
Idem, entre la première et la troisième.	4,746	1,610,440.
Idem, entre la deuxième et la troisième.	» »	463,632.

DU DROIT A L'INDEMNITÉ, ET DU MODE
D'EN FAIRE LA RÉPARTITION.

Il est des principes d'éternelle justice, dont les dispositions constituent le droit naturel. Lors de la confection du code civil, le législateur Français en admit un assez grand nombre dans les règles d'un droit privé, qui depuis a servi de modèle à d'autres nations.

Ce code, traitant des servitudes qui dérivent de la situation des lieux, dit textuellement :

» Les fonds inférieurs sont assujettis envers ceux
» qui sont plus élevés, à recevoir les eaux qui en
» découlent naturellement sans que la main de
» l'homme y ait contribué ».

« Le propriétaire inférieur ne peut point élever
» de digue qui empêche cet écoulement.

» Le propriétaire supérieur ne peut rien faire
» qui aggrave la servitude du fond inférieur ».
(Art. 640.)

Le premier alinéa de cet article n'est que l'expression d'un fait physique , qui dérive de la nature des choses , et dont les deux autres dispositions ne sont que des conséquences naturelles.

Ce principe, admis et respecté entre particuliers, entre citoyens , serait sans doute aussi adopté dans les relations entre les nations, si elles ne sacrifiaient souvent les règles de la justice aux conseils de la politique et aux passions du moment.

Ainsi , relativement à la matière qui nous occupe , et d'après les principes de droit et d'équité , la Hollande, assujettie à recevoir les eaux qui découlent du sol belge, ne devrait point pouvoir mettre obstacle à l'obstacle de ces eaux de nos rivières , canaux et Polders , comme nous ne pouvons rien faire qui aggrave la servitude du sol hollandais.

Mais (et cette réflexion n'est point applicable à ce seul cas) la politique et la morale , qui devraient être sœurs , marchent rarement ensemble; les arrêts de la diplomatie ne ressemblent pas souvent aux jugemens de l'équité. La dernière raison des cabinets l'emporte sur la raison des principes. La force brutale impose presque toujours silence à la voix puissante du droit.

La leçon de l'expérience doit nous instruire : il n'est pas permis de croire que les Bataves se prêtent volontairement à nous faciliter l'écoulement de nos eaux chaque fois qu'il sera nécessaire. Loin de là :

ils ne cesseront de l'entraver, d'y mettre obstacle : ils saisiront toutes les occasions de causer de longues et désastreuses inondations sur nos provinces les plus fertiles. Cet état de choses durera aussi long-temps que l'état de guerre, *au moins*.

En vain nous plaindrons-nous du délit et du mal qu'il nous fait ; vainement dirons-nous que « tout » fait quelconque de l'homme qui cause à autrui » un dommage, oblige celui par la faute duquel il » est arrivé à le réparer ». (Art. 1382).

On ne contestera ni le fait, ni l'existence du dommage : mais on nous répondra toujours que cette maxime de droit privé, applicable d'homme à homme, ne l'est pas de nation à nation ; qu'en causant à son ennemi le plus grand tort possible, un peuple n'est point tenu à indemnité.

Sans doute, la victoire pourrait faire bonne justice de ces arguties, d'une amère dérision. La victoire ! nos braves sauraient l'assurer ; mais les calculs de la politique, les irrévocables décisions de la diplomatie tiennent la valeur belge enchaînée : lui permettra-t-on de briser ses entraves ? Il ne semble plus permis de le croire.

Sera-ce donc de la Hollande que nous obtiendrons l'indemnité du dommage ? La réponse négative n'est point douteuse. Ce serait bien en vain que la jurisprudence a consacré un principe de raison. Son autorité ne sera plus respectée (29).

C'est du pays, de la nation belge, que les parties intéressées, propriétaires ou fermiers du territoire inondé, doivent attendre une indemnité bien légitime, sauf le recours du gouvernement contre la Hollande.

Conformément aux principes du droit civil, nul ne peut être contraint de *céder* sa propriété, si ce n'est pour cause d'utilité publique et moyennant une juste et préalable indemnité.

La loi fondamentale des Pays-Bas admettait cette maxime d'indemnité en matière d'expropriation pour cause d'utilité publique (30).

Notre constitution, plus libérale, dit en termes exprès, à l'article II.

« Nul ne peut être *privé* de sa propriété que pour
» cause d'utilité publique, dans le cas et de la ma-
» nière établie par la loi, et moyennant une juste
» et préalable indemnité. »

Nous avons souligné les termes *céder* et *privé*, non sans dessein : le dernier nous semble offrir un sens plus large et plus généreux (31).

On ne contestera pas que les propriétaires et fermiers des Polders ont été *privés* de leurs propriétés par l'effet des inondations.

Sont-ils fondés à exiger de l'état une juste indemnité?

Objectera-t-on que la privation n'a pas eu l'utilité publique pour cause ?

Le pays n'a point prescrit cette mesure d'inondation ?.. Mais les citoyens ruinés ne l'ont-ils pas été pour la cause nationale ?

Refuserait-on d'indemniser ceux qui ont si gravement souffert par la révolution , quand on accorderait un dédommagement pour les propriétés que la nation aurait consacrées à des travaux peut-être de pur agrément ? L'agréable, certes, ne l'emporterait pas sur l'utile. Et s'il y a justice à indemniser pour des concessions faites à l'utilité générale , y en a-t-il moins à tenir compte , au nom de la nation entière, des pertes devenues nécessaires et inévitables par l'effet de la révolution ?

Non , cette noble cause ne voudra point s'entâcher d'un acte d'ingratitude et d'inhumanité. Et la nation , par ses mandataires , consacrera le principe que les désastres des inondations dans les Flandres sont à la charge de l'état.

Mais de quelle manière procèdera-t-on à la répartition de l'indemnité ?

Déjà , en parlant de la classification des dommages , nous avons indiqué les droits respectifs des propriétaires et des fermiers. Les uns et les autres ont droit à l'indemnité.

Conformément aux dispositions du Code civil (1769), le fermier, privé par des cas fortuits de la totalité , ou de partie de sa récolte , à droit à une remise proportionnelle sur le prix de sa location : il est d'autant plus fondé, quand il s'agit de cas fortuits *extraordinaires* (1773), tels que les ravages de la guerre ou une inondation.

Les fermiers , à qui les inondations des Flandres ont enlevé la totalité des récoltes , doivent donc obtenir des propriétaires la remise entière du prix des baux ; ces propriétaires auront , à leur tour , à recevoir le prix de bail pour leur part à l'indemnité. Toutefois, pour l'année 1830, l'inondation étant survenue postérieurement à la récolte, les fermiers ne peuvent se dispenser d'acquitter les fermages à leurs maîtres; et c'est donc à eux, fermiers, que la portion d'indemnité doit être payée (32).

Il est encore une partie du dédommagement qui revient exclusivement au fermier, et que nous avons partiellement énumérée page 33. Ce sont les frais nécessaires à l'exploitation et à la tenue de la ferme; objets dont son intérêt personnel ne lui impose pas moins l'obligation que l'art. 1766 du Code, etc. Comme c'est lui seul qui souffre, c'est aussi lui qui doit être indemnisé; et nous avons fait voir que la valeur d'une année de bail peut suffire à cet effet.

Quant aux frais de réparation et de rétablissement des digues et des écluses, il semble superflu de dire qu'ils doivent être remboursés à ceux qui les ont faits.

Nous croyons aussi avoir présenté, sous la même rubrique, le mode de restaurer les terres, le plus avantageux aux intérêts du trésor. En fournissant la chaux nécessaire, et en en surveillant le bon emploi, le gouvernement trouverait, avec une économie certaine, le moyen assuré de prévenir entre les métayers et les propriétaires, des différends qui seraient inévitables par tout autre procédé.

Nous terminons ici ces observations. Nous les avons présentées, quoiqu'elles puissent paraître ne pas avoir un rapport direct au but que nous nous sommes proposé. Nous les avons faites de bonne foi et de conviction ; nous les croyons d'accord avec les principes de la justice. Puissent nos lecteurs approuver et partager notre manière de voir !

RÉSUMÉ DES OBSERVATIONS PRÉCÉ-
DENTES ET CONCLUSION.

Nous allons enfin reporter nos regards en arrière, et récapituler les faits que nous avons observés, les principes que nous croyons avoir établis, et les rectifications que nous avons faites.

Après avoir fait connaître l'origine, la nature et l'importance des Polders, nous avons montré cette portion du territoire belge, et les parcelles dont elle se compose, se subdivisant en quatre classes différentes par les qualités du sol, par leur étendue et les produits moyens de leur revenu.

Rectifiant ensuite les omissions de M. l'Ingénieur de la Flandre Orientale, nous avons, sur des données dignes de confiance, établi dans un chapitre spécial, les quotités et les valeurs en revenu de chacune de ces subdivisions.

Nous n'avons point borné cette distinction aux cantons inondés de la Flandre Orientale, et relevés par M. l'Ingénieur (33); nous avons, ajoutant à son travail, étendu cette distinction aux parties du ter-

ritoire , connu sous le nom de pays de la généralité.

Sous la rubrique *des diverses sortes d'inondations*, nous avons indiqué le rapport qu'ont entre
eux les effets de l'inondation dans chacune des trois
espèces.

Dans la classification des dommages, nous avons,
à l'aide de la théorie et de la pratique, posé des règles pour évaluer le dommage tant ordinaire qu'extraordinaire; et pour reparer, dans ce dernier cas,
les effets nuisibles de l'inondation, nous avons tiré
de nos raisonnemens une donnée fixe et uniforme
sur le temps nécessaire pour la parfaite restauration
des terres inondécs.

A la suite de ces détails, nous avons tracé rapidement le tableau des inondations auxquelles la
Flandre Orientale est sujette, et des dommages
différens qu'elles occasionent selon l'espèce d'eau
qui y est employée. Cette esquisse supplée à des
résultats que le travail de M. l'Ingénieur de la Flandre Orientale n'était pas destiné à présenter. Nous
l'avons fait suivre de quelques idées sur le droit à
l'indemnité , et sur le mode d'en faire la répartition.

Le résultat de nos opérations doit se résumer en
chiffres. Mais à cet effet, nous avons encore adopté
une division nouvelle. Dans le tableau indicatif des

inondations dans le district de S\^t-Nicolas , M. l'Ingénieur de la Flandre Orientale a fait figurer indistinctement les pertes à résulter de l'inondation de 1830 et de celle de 1831. Nous avons, au contraire, dans les États A et B, présenté, année par année , l'estimation de ces pertes ; et dans l'État C nous avons rangé celles qui, probablement, seront la conséquence de l'inondation de 1832. Le tableau D est le relevé des trois précédens.

Quant aux dépenses présumées nécessaires à la réparation et au rétablissement des digues et écluses , nous avons adopté les chiffres de M. l'Ingénieur. Les connaissances spéciales de cet estimable fonctionnaire , et le défaut de renseignemens positifs à cet égard , nous ont fait une loi de nous en rapporter à lui avec pleine confiance.

Il ne nous reste plus qu'à analyser brièvement les fruits de nos recherches , de nos remarques et de notre expérience.

En traitant du mode d'évaluer le dommage (page 18), nous avons adopté le chiffre de M. l'Ingénieur pour représenter les surfaces inondées ; ce chiffre se trouve répété dans la répartition des quatre classes de terres.

Mais une observation essentielle se présente à cet égard. Une certaine partie de la contenance indiquée n'est pas dans le cas, n'a aucun droit de prétendre à une indemnité, qui ne peut s'appliquer qu'aux parties productives du territoire.

Les Polders sont, comme les autres cantons, coupés de chemins communaux ou vicinaux, même de grandes routes, très-larges en général. Ils sont traversés en divers sens par des canaux, des étangs et une multitude de fossés d'écoulement ou de dérivation. Ils sont bornés ou intersectés de digues, plus ou moins fortes, qui ne sont pas livrées à la culture, et dont le dommage se trouve remboursé par la somme allouée pour dépenses présumées nécessaires à la réparation et au rétablissement des digues et des écluses. La surface approximative de toutes ces portions diverses doit donc, quant à l'estimation du dommage, être déduite du chiffre total (34).

Or, on calcule ordinairement cette partie non cultivée à sept pour cent de la surface totale pour les Polders et autres terrains bas, quoique moins sur les autres terres. C'est ainsi qu'on opéra en 1823 pour compte du gouvernement.

C'est aussi cette fraction que nous retranchons des nombres exprimant nos résultats et qui figurent dans les tableaux. Néanmoins, pour éviter tout reproche et pour la commodité des lecteurs qui voudraient éviter des calculs fastidieux, nous avons présenté le produit des opérations, tant avec cette réduction que sans elle.

FLANDRE ORIENTALE,
DISTRICT DE St-NICOLAS.

Surface inondée,	hectares.	3961	43 »
A déduire sept pour cent.		277	3o o1
Reste pour la quantité ayant droit à indemnité.		3684	12 99

PORTION DU TERRITOIRE CONTESTÉ.

Total.		735	» »
Sept pour cent.		51	45 »
A indemniser.	hect.	683	55 »

Les inondations observées par M. l'Ingénieur, ont eu lieu en 1830 et 1831 : nous les avons distinguées, en fesant suivre ce qui peut résulter de celle de 1832.

Année 1830. (*État A.*)

Dans le district de St-Nicolas, (Flandre Orientale), la partie inondée (Polders du Doel, de Ste-Anne-Hectenisse et Borgersweert) n'a été que de hect. 1109 » »

Les sept pour cent forment. 77 63 »

A indemniser. 1031 37 »

Le dommage a été évalué au trenti ème, et dou-

blé d'après le principe établi page 33. La somme
doit être payé aux fermiers, à charge par eux d'acquitter l'année entière de fermage aux propriétaires. L'inondation ayant eu lieu après la récolte, les
frais de labour et de semailles ont été rejetés sur l'année 1831, comme étant faits dans l'intérêt de la
récolte de cette année.

La somme du dommage sur la contenance entière
serait de   fl. 3,326   92

Et sous la déduction des sept pour
cent, elle est de.   2,861   16

                Différence.   465   76

TERRITOIRE CONTESTÉ. *néant.*

Année 1831. (*État B.*)

L'inondation s'est étendue sur le nombre d'hectares de chaque province, indiqué dans l'observation qui précède ce que nous venons de dire au
sujet de 1830.

D'après le même principe que celui appliqué
à 1830, la somme doit être doublée; mais avec
cette différence qu'une moitié doit être remise aux
propriétaires et l'autre aux fermiers, parce que
ceux-ci sont fondés, d'après la loi, à se faire accorder remise de l'année de bail.

Pour le district de St-Nicolas, l'indemnité sans

réduction est de   fl. 356,528 68

Et avec déduction de 7 p. %,   331,571 68

Pour le territoire contesté elle serait pour la totalité de   66,150 »

Et après déduction.   61,519 50

Ensemble ,   fl. 422,678 68   393,091 18

	Sans réduction.	Avec réduction.
Ainsi l'indemnité se monte pour 1830 , à	3,326 92	2,861 16
Et pour 1831 , à	422,678 68	393,091 18

Il faut ajouter :

1° pour suppléer aux frais de restauration par la chaux (p. 36)·

Au district de St-Nicolas	178,264 35	165,785 85
Au territoire contesté.	33,073 »	30,759 75

2° Pour la réparation et le rétablissement des digues et écluses, suivant M. l'Ingénieur.

vant M. l'Ingénieur.	270,700 »	270,700 »
Totaux des 2 années, fl.	908,042 95	863,197 94

(65)

A reporter. fl. 908,042 95 863,197 94

Or, M. l'Ingénieur
a évalué la perte
à   fl. 688,879)
Et la ré-   } 959,579 » 911,357 47
paration, etc. 270,700)

Il y a donc entre nous
sur l'évaluation totale,
une énorme différence
de (voyez l'état **D**).   51,536 05   48,159 53

Et certes, si ce fonctionnaire avait retranché de
la surface inondée la partie occupée par les chemins, canaux, fossés et digues, l'excédent d'estimation fl. 48,159 **53**, serait déjà extrèmement considérable. Il représente plus du tiers du dommage
de fl. 132,305-84, calculé pour 1832.

On concevra facilement la surprise que j'ai éprou-
vée, en lisant la brochure de M. H. Vilain XIIII,
à la vue d'un chiffre aussi élevé. Et cette surprise
s'est assez expliquée dans le cours de mes recherches.

D'où provient donc l'erreur où est tombé M. l'Ingénieur de la Flandre Orientale? J'ose croire que
les détails où je suis entré en ont suffisamment indiqué les causes, et auront fait passer la conviction
dans l'esprit de mes lecteurs.

9

Il est à remarquer que les évaluations faites pour compte des gouvernemens, sont souvent fautives, et qu'elles donnent lieu à de fréquentes et justes réclamations ; réclamations qui sont bien plus rares dans les estimations de particulier à particulier.

C'est ce qui arrivait souvent sous le gouvernement déchu, quand il s'agissait de déterminer les bases d'expertises en cas d'expropriation forcée pour cause d'utilité publique (35).

On recherchait tous les moyens qui tendaient à favoriser les Hollandais au détriment des Belges ; à imposer le plus ceux-ci dans les contributions, afin qu'elles fussent moins à la charge des autres. Des estimations exagérées de propriétés en Belgique étaient au nombre des moyens employés. On sait d'ailleurs que les Flandres surtout ont été surtaxées d'une manière remarquable ; et cette surtaxe remonte déjà à une époque plus reculée. Elle a dernièrement, et lors de la discussion du budget, été l'objet de vives réclamations de la part des députés de ces deux provinces. Dans l'impossibilité de faire dès à présent justice entière, la chambre a, du moins en principe, reconnu l'exactitude de leurs observations.

Convenons néanmoins, que l'étranger seul n'avait pas contribué à ces résultats. Des ouvrages de statistique, sortis de plumes belges, ont, par des erreurs, prêté des armes contre nos compatriotes : l'exagération de valeur qu'ils donnaient aux terres devaient servir de base à la contribution foncière, et on conçoit que le gouvernement d'alors ne négligeait pas l'occasion.

Au nombre des imprimés qui ont concouru à ce résultat, par de semblables exagérations, je crois pouvoir citer l'ouvrage en trois volumes sur le Pays de Waes, par M. Vanden Bogaerde, alors commissaire du district et depuis lors appelé aux fonctions de gouverneur du Brabant Septentrional.

Ces observations, loin d'être hors de propos, servent encore à faire ressortir la nécessité de faire les évaluations des propriétés avec la plus consciencieuse exactitude. Sous ce rapport, elles méritent (ces remarques) de provoquer les méditations des citoyens éclairés, et surtout celles des députés à la chambre des représentans.

Puisse cet opuscule, traitant des Polders de Flandre et des inondations, obtenir l'attention et le suffrage des lecteurs ! Puissent les mandataires de la nation reconnaître la justice d'une loi qui mettrait au compte de l'état le dommage que ces inondations ont causé depuis septembre 1830 ; et indemniser, d'après des bases exactes, ceux des habitans qui ont tant souffert par l'effet de la révolution et conséquemment pour le bonheur général de la Belgique !

On ne saurait trop se hâter. Tout retard est funeste à ces malheureux, et les menace d'une ruine prochaine, puisque sans cette *prompte* indemnité, ils seront forcés de vendre ce qu'ils possèdent ; déjà même il est à craindre que les fermiers ne puissent continuer leur exploitation. Que serait-ce donc si l'on attendait jusqu'au moment de l'évacuation entière ?

Déjà S. M. a accordé, le 8 mars dernier, un secours de fl. 12,500 aux habitans les plus malheureux des Polders inondés. Cette nouvelle preuve de la munificence royale donne lieu d'espérer que le gouvernement prendra l'initiative d'une loi d'indemnité en faveur des victimes des inondations de 1830 à 1832. Un tel fait est digne des nobles sentimens du roi. Il ne serait pas surprenant de voir le prince qui a sacrifié son repos personnel pour assurer notre indépendance, s'assurer encore plus la reconnaissance et l'amour des Belges, par un acte de justice envers une des plus grandes infortunes nées des commotions politiques.

NOTES.

(1) Bruxelles, H. Remy, imprimeur-libraire, rue des Paroissiens. 1832.

(2) Avant-propos, page. v.

(3) L'herbe du schorre sert à la pâture du bétail et des moutons : le foin qu'on en obtient est bon pour les vaches laitières, etc., mais ne convient pas aux chevaux.

(4) Un fermier ayant une exploitation de 6 à 8 chevaux, vend annuellement pour 300 florins de fumier. Quelques-uns le brûlent et vendent alors les cendres, ou les échangent contre des fagots.

(5) En agronomie pratique, le mot *prairie* est universel; mais en théorie, il a trois acceptions ou subdivisions : A. *pâture,* première qualité de prairie; elle engraisse les bœufs d'âge (trois ans) et d'autres bêtes à cornes. B. *prairie ,* seconde qualité de prairie; elle sert de nourriture journalière aux vaches laitières et autres bêtes à cornes, ainsi qu'aux chevaux. C. *pré à faucher ,* troisième qualité : on laisse croître son herbe qu'on fauche et convertit en foin. Il y a des prés à faucher tellement productifs qu'ils égalent la pâture.

(6) Aux environs d'Ostende, le Polder dit de Snaes-

kerke, endigué en 1801 , n'a encore rien perdu de sa fertilité première, là où il a été bien cultivé. Celui de Sainte-Catherine, endigué en 1744, est dégénéré de 10/100. Celui de Zandvoorde, dit le nouveau, endigué en 1720, de 15/100. Celui de Zandvoorde, dit le vieux, endigué en 1665, de 25/100. Enfin celui de Saint-Philippe, endigué en 1602, de 35/100. Faisons observer, quant au dernier, qu'il n'a jamais été de très-bonne qualité, à en juger par la tourbe qu'on y extrait et à peu de profondeur.

Les Polders de la Flandre Orientale ont tous été endigués au 16ᵉ siècle.

(7) Pour obvier à cet inconvénient extrêmement onéreux, lorsque l'on ensemence ces sortes de terres de grains d'hiver, dits fruits durs, on a soin de travailler ou mettre en dessous, à la profondeur du dernier sillon des branches d'épines, de chaume, ou de la paille la plus forte, ce qui prévient beaucoup la formation de cette croûte inculte.

(8) Coup-d'œil, etc., page 2.

(9) Idem, pag. 11.

(10) En fait de déclaration de succession, lorsque l'on évalue une propriété quelconque, on ajoute au revenu 1/4 en sus pour les charges. Les 30,000 arpens rendent 150,000 fl. C'est donc 5 fl. par arpent ou le 1/4 de 20 fl., tandis que dans la Flandre Occidentale, d'après les baux authentiques et déclarations de succes-

sion, la moyenne est de 26 fl. même arpent, les taxes communales et des Wateringues étant établies sur le même pied.

(11) On entend par sucrion, le grain d'hiver, dit dur ; par orge, celui d'été, dit de printemps.

(12) Presque tout du blanc.

(13) Le fermage de 20 à 26 florins, ensemble 46 ; moyenne pour les deux Polders, 23. Celui du pays-nu est de 10 à 12 florins, ensemble 22 ; moyenne, 11. Idem du pays mixte, de 9 à 11 florins, ensemble 20 ; moyenne, 10.

(14) Le procès-verbal d'expertise des terres (Polders) expropriées pour la construction de l'écluse de chasse à Ostende, sous le gouvernement impérial, fut renvoyé par le ministre, sous prétexte d'erreur d'évaluation en plus, vu qu'il n'y avait point dans toute la France de propriétés d'une si grande valeur. Cependant l'estimation était juste et fut maintenue.

(15) L'hectare est égal au bonnier des Pays-Bas. Il fait **2** acres, **473,614** mesure anglaise.

(16) Il existe une cinquième espèce, mais nulle par sa stérilité naturelle et insurmontable pour les fermiers à défaut de moyens pécuniaires. Je parle des Bruyères et des Marais, qui ne sont relevés de leur état inculte qu'à grands frais, soit par des gouvernemens, soit par des sociétés, soit enfin par des amateurs agronomes.

(17) Voir la division établie, pag. 69 note 5.

(18) La pâture grasse du Polder fait gras pour la fin de juin, ou selon le terme pratique *vers la Saint-Pierre :* passé cette époque, le bétail diminue, et celui non encore gras n'engraisse plus, car il contracte des diarrhées, produites par l'acidité que contracte l'herbe en cette saison, et qu'on attribue beaucoup au défaut de pluie, puisque alors l'eau a pris son assiette ou niveau d'été, et que les herbes et fruits ne sont plus suffisamment rafraîchis pour continuer à maîtriser la matière saline, dont le fond est naturellement plus ou moins imbibé, et qui influe en proportion de la sécheresse. Alors on met le bétail à nourrir et à élever dans les pâtures.

La terre à labour n'est nullement sujette à cet inconvénient : d'abord, parce qu'elle est moins compacte à force d'être remuée par la charrue; et par là, l'attraction de l'air exerce plus d'effet sur elle pour la purger avec plus de succès de la matière saline : ensuite, à partir de la mi-avril pour les grains d'hiver, et de la fin de mai pour la majeure partie de ceux d'été, les champs sont couverts de l'herbe des grains qui y sont semés, de manière que ni le soleil par son ardeur, ni les aquilons par leur impétuosité, ne sont plus à même d'exercer leurs effets pour rendre ces terres aussi sèches que les pâtures.

(19) Les prés à faucher des Polders de la Flandre Occidentale, peuvent être beaucoup améliorés, par

l'usage de l'urine de vaches, etc., et surtout par le sarclage, non par coupe, mais par tire, ainsi que cela se
pratique hors des Polders. Malheureusement la plus
grande partie des cultivateurs sont ou paresseux ou
négligens. Un fermier du pays au bois qui vient ex-
ploiter dans les Polders, y fait de bonnes affaires, parce
que dans le pays d'où il sort, l'on est universelle-
ment laborieux et actif.

(20) Il m'a paru étonnant de ne trouver dans le tableau aucune division dans les terres des Polders appartenant au pays de la généralité... Il est impossible
d'admettre qu'elles ne présentent pas de variétés, et
qu'il ne soit pas là comme ailleurs: *les terres se tou-
chent et ne se ressemblent pas*.

(21) Je parlerai ci-après de ces trois sortes d'inondations.

(22) L'auteur du présent mémoire reçut alors de
M. le commissaire des guerres, *Ising*, la mission de
faire l'évaluation de ces dommages, et remplit cette
mission.

(23) Le major d'état *Van Zwieten*, qui fut chargé
de ce plan, adopta les mêmes principes; l'auteur lui
fournit beaucoup de notes à ce sujet et sur d'autres...

10

Il l'accompagna en plusieurs endroits de la Flandre Occidentale. Depuis 1816, il avait accès dans les bureaux du génie militaire à Ostende, sous le double rapport d'expert ordinaire aux expropriations forcées pour utilité publique et d'employé particulier du commandant du génie. Il fut aussi l'expert de l'Enregistrement pour les biens domaniaux.

(24) Il importe de faire observer qu'on a négligé les fractions décimales dans l'un et l'autre tableau. La répartition des chiffres entre les divers Polders se trouve dans les tableaux annexés à ma brochure.

(25) La plus grande force du flux à cette époque est une suite de la nouvelle et de la pleine lune. Le soleil et la lune étant alors ensemble au-dessus de l'équateur, l'effet du soleil augmente le flux de 2 pieds, celui de la lune de 9, et conjointement de 11 à 12 pieds ; si dans quelques endroits il dépasse cette hauteur, cela provient de ce qu'il prend son cours par des endroits secs et peu profonds ; or il ne peut s'y développer suffisamment, comme il le fait dans les endroits profonds et larges.

Newton, Princip. lib. 3, p. 36 et 37.

La force attractive de la lune est à peu près deux fois et demi plus grande que celle du soleil.

(Bureau de longitudes de Paris.)

(26) En cette saison , tous les bas fonds , tels que les prés à faucher et les prairies de qualité médiocre, sont soumis au dommage : pour eux est passé le temps où l'inondation naturelle par l'eau douce *seule* ne cause aucun mal.

(27) Il arrive parfois que l'inondation, au lieu de vase, dépose du sable , ce qui arrive en certains endroits. Ce fait doit, le cas échéant, être constaté sur le lieu même , pour servir de base au réglement du dommage.

Lorsque un Polder est nouvellement mis en culture , c'est-à-dire un an après que l'inondation de temps immémorial a cessé, sa première production est la graine de colzat; pourquoi ne pourrait-t-il pas produire le même fruit après une inondation passagère ou momentanée, d'autant plus que sa nature humide et froide se trouve corrigée par la chaux ?

Partant du même principe , il est plus que probable que la chaux ne ferait que du bien la première année de la mise en culture d'un nouveau polder.

(28) Le labour si peu profond , se nomme *sillon dessous , sillon dessus,* aussi *quarrer.*

(29) Le commissaire des guerres fit valoir cette méthode, lorsqu'il me chargea de l'évaluation des

dommages à résulter des trois sortes d'inondations pour la défense des places fortes.

(30) On lit dans l'Émancipation du 17 mars 1832 :

« Cour supérieure de justice de Bruxelles. Indem-
« nités des dommages causés par les travaux de dé-
« fense des places de guerre. La cour a eu à résoudre
« plusieurs questions importantes relatives à cette
« matière, dans une affaire portée devant elle, par le
« gouvernement belge, sur l'appel qu'il avait interjeté
« d'un jugement du tribunal de première instance de
« Mons.

« Il s'agissait des dommages causés à plusieurs pro-
« priétés avoisinant à cette ville, par les inondations
« qui y furent pratiquées en 1815, pour la mettre en
« état de défense contre l'invasion des armées fran-
« çaises, imminente à cette époque. Le gouvernement
« prétendait d'abord que ces dommages ne devaient
« pas être indemnisés en règle générale ; que si cepen-
« dant l'indemnité pouvait être due, elle ne pourrait
« retomber à la charge du gouvernement du royaume
« des Pays-Bas, mais seulement des hautes puissances
« alliées, qui avaient réellement ordonné les travaux,
« causes du dommage, et dont le prince d'Orange
« Nassau, depuis le roi des Pays-Bas, n'était que l'a-
« gent ; que, dans tous les cas, le gouvernement belge
« n'avait pas succédé au gouvernement des Pays-Bas,
« dans l'universalité de ses obligations, et que celles
« qui avaient pris leur cause dans une charge com-
« mune à toutes les parties du ci devant royaume, ne

« pouvaient peser aujourd'hui exclusivement sur quel-
« ques parties en particulier. Le gouvernement invo-
« quait, à l'appui de son système, quelques arrêtés
« rendus par le roi Guillaume, sur des réclamations
« particulières d'individus qui avaient éprouvé des
« dommages.

« La cour reconnaissant le principe, que lorsqu'une
« place est *en état de guerre*, les particuliers dont les
« propriétés ont été endommagées par suite des inon-
« dations qui servent à sa défense, doivent être in-
« demnisés aux frais du trésor public, a déclaré le
« gouvernement de la Belgique, qui a succédé au
« gouvernement des Pays-Bas, tenu d'en supporter
« les charges en conséquence ;

« Que c'est inutilement qu'on voudrait soutenir que
« ce n'est pas dans le seul intérêt de la Belgique que
« le dommage a été causé ; que la Hollande y ayant
« été également intéressée, ce n'est que pour sa part
« que le gouvernement belge serait tenu de réparer
« le dommage ; car, si ce soutenement était admissi-
« ble, il en résulterait qu'il pourrait peut-être donner
« lieu à un recours de la part du gouvernement actuel
« contre celui de la Hollande ; mais dans aucun cas,
« la demande des intimés ne devra être repoussée
« par une semblable considération ;

« A maintenu les condamnations prononcées en
« première instance contre le gouvernement.

(31) Nous faisons ici mention de la loi fondamentale des Pays-Bas, parce que l'inondation de 1830 a

eu lieu avant l'adoption de la constitution belge , et conséquemment sous l'empire des principes de cette loi fondamentale.

(32) La règle exprimée par l'art. 545 du code civil devait être , naturellement, adoptée par les auteurs de la constitution française ; et par conséquent l'indemnité devait aussi être préalable. Mais la loi du 8 mars 1810, adoptée sous le régime impérial , autorisa ensuite (art. 19 et 20) la dépossession avant le paiement de l'indemnité. Toutefois la charte de 1814 revint à l'exécution du principe. Depuis la révolution de 1830, une autre loi lui a donné une nouvelle extension ; c'est celle du 30 mars 1831 , relative à l'expropriation et à l'*occupation temporaire ,* en cas d'urgence , des propriétés privées nécessaires aux travaux des fortifications. Cette loi imposa l'obligation de consigner , avant la prise de possession , l'indemnité provisionnelle ; elle voulut que le propriétaire ou les autres ayant droits eussent reçu , ou eussent du moins la certitude de recevoir leur indemnité. En combinant les dispositions de cette loi, on voit que ses auteurs reconnurent que la *privation* de la propriété ne consiste pas seulement dans l'*expropriation ,* et qu'il y a souvent lieu à une *occupation , à une possession ,* conséquemment à une *privation temporaire.* Cette distinction des législateurs français donne du poids à l'observation que nous avons faite en opposant les mots *céder* et *privé.*

(33) Nous ajouterons ici quelques observations au sujet du droit des fermiers.

La loi du 8 mars 1810, relative aux expropriations forcées pour cause d'utilité publique, au sujet de l'indemnité, s'est spécialement occupé des propriétaires. Il est vrai que l'art. 18 de cette loi obligeait le propriétaire à appeler, avant la fixation de l'indemnité, les tiers intéressés (usufruitiers, fermiers ou locataires) pour concourir, en ce qui les concernait, aux opérations, sous peine de rester seul (lui propriétaire), chargé envers eux des indemnités que ces tiers pourraient réclamer, et qui devaient être réglées en la même forme. Cette disposition pouvait être facilement éludée au détriment d'hommes, souvent pauvres et ignorans. D'ailleurs la simple négligence devait entraîner de fréquens procès, ruineux pour les parties, et qu'il importait de prévenir.

La loi française du 30 mars 1831, relative à l'expropriation et à l'occupation temporaire, dont nous avons déjà fait mention, s'est montrée beaucoup plus juste et plus libérale. L'article 4 veut que le Maire de la commune convoque à l'expertise, non seulement les propriétaires intéressés, mais encore les usufruitiers, fermiers, locataires ou occupans à quelque titre que ce soit. Les personnes ainsi convoquées peuvent se faire assister par un expert ou arpenteur. Le mode d'expertise, tracé par les art. 7 et 8, leur est également favorable. Le tribunal doit, en cas de non contestation, déterminer l'indemnité de déménagement à payer et celle approximative et provisionnelle de dépossession à consigner. Aussitôt après la prise de possession, le tribunal doit procéder au réglement définitif de l'indemnité.

Voici quelques extraits du langage tenu par M. le rapporteur à la chambre des députés :

« Il y a nécessité, dans certains cas, de déterminer la valeur locative. En effet, il se peut qu'il y ait indemnité à fournir, non seulement au propriétaire, mais encore à un locataire..... Tout dommage, au surplus, qui a sa cause dans la dépossession devant être réparé, l'injonction expresse est faite aux experts d'en déterminer l'appréciation.

« Il ne pouvait suffire, ni d'une indemnité annuelle au propriétaire, ni d'un dédommagement pour lui à la fin de l'occupation temporaire, si le terrain est donné à bail, car l'exploitant a aussi des droits qu'on ne saurait méconnaître. Quand le propriétaire touchera du gouvernement le loyer annuel qu'il recevait auparavant du fermier, celui-ci devra obtenir à son tour une indemnité représentative de la jouissance qu'il a perdue, et en vertu de laquelle il avait peut-être fait des dépenses. De même lorsque le gouvernement délaissera la possession, la réparation pécuniaire qu'il devra des dommages faits à la propriété, peut le soumettre à des obligations envers le fermier comme envers le propriétaire. »

Tous les principes des législateurs français sont applicables à l'espèce, l'indemnité pour cause d'inondation : ils donnent de la force à ce que nous avons dit des droits des fermiers à l'indemnité pour le fait des inondations.

(34) Nous aurions voulu joindre à nos remarques des faits et des calculs sur d'autres Polders et terres inondables dans la Flandre Orientale : ils auraient servi à compléter, en quelque sorte, notre travail. Nous avions même obtenu plusieurs renseignemens sur cette partie du territoire ; mais comme ils nous ont paru insuffisans et susceptibles de contestation , nous avons mieux aimé les omettre que de mêler des erreurs avec la vérité.

(35) Nous avons supposé que la partie de terres non inondée se trouve comprise dans la surface indiquée par M. l'Ingénieur. Les chiffres relatifs au Polder Borgerweert, nous autorisaient à le croire. On voit néanmoins par les calculs du dernier chapitre de cet ouvrage que, quand même il en serait autrement, le résultat de nos calculs est à peu près le même.

(36) Un fait assez singulier, et qui en apparence contredit cette proposition, se présente à la mémoire. En 1823, l'évaluation de terres à exproprier dans la Flandre Occidentale, pour cause d'utilité publique, fut assez favorable aux propriétaires des parties expropriées ; mais cet avantage qui, momentanément, a profité à quelques Belges, aura probablement été un des moyens servant à faire maintenir la surtaxe pendant les années qui ont suivi. Et d'un bien même, il a pu résulter un mal pour l'avenir.

FIN DES NOTES.

TABLE DES MATIÈRES.

FIN DE LA TABLE.

A. INONDATION de 1830. (1).

Tableau d'Évaluation de l'indemnité pour dommages, revenant aux fermiers seuls.

DATES DES INONDATIONS	POLDERS.	CONTENANCES TOTALES.	INDICATION DES — SURFACES INONDÉES, PAR CLASSES				TOTAUX.	MONTANT DE L'INDEMNITÉ — PAR CLASSES.				TOTAUX.
			1re.	2e.	3e.	4e.		1re.	2e.	3e.	4e.	
	TERRITOIRE DE LA FLANDRE ORIENTALE.	h. a.	h. a.	h. a.	h. a.	h. a.	h. a.	fl. c.	fl. c.	fl. c.	fl. c.	fl. c.
25 Octobre.	Celui du Doel.	1,069 »	40 80	95 20	95 20	40 80	272 »	163 20	317 32	253 86	81 60	815 98
»	» St-Anne Hectenisse.	629 »	7 50	17 50	17 50	7 50	50 »	30 »	58 32	46 66	15 »	149 98
»	» Borgenweert. . . .	787 »	118 05	275 45	275 45	118 05	787 »	472 20	918 16	734 50	236 10	2,360 96
Totaux.	Sans déduction de 7 p. %	2,485 »	166 35	388 15	388 15	166 35	1,109 »	665 40	1,293 80	1,035 04	332 70	3,326 92
	Avec idem, idem.	2,311 05	» »	» »	» »	» »	1,031 37	» »	» »	» »	» »	2,861 16

(1) Voyez pages 17, 33 et 62.

DATES DES INONDATIONS.		INDEMNITÉ		TOTAUX.
		3e.	4e.	
	c.	fl. c.	fl. c.	fl. c.
25 Octobre 1830.	C			
»	o8 »	1,224 »	12,240 »	
»	oo »	225 »	2,250 »	
3 Août 1831.	» »	» »	» »	
»	o6 »	2,605 50	26,055 »	
»	oo »	3,600 »	36,000 »	
4 Août 1831.	44 »	3,132 »	31,320 »	
»	» »	» »	» »	
»	M 48 »	1,044 »	10,440 »	
1er Septembre 1831. . . .	» »	» »	» »	
20 Août 1831.	P oo »	1,350 »	13,500 »	
»	12 »	36 »	360 »	
25 Octobre 1830.	24 02	168 43	1,684 34	
Septembre 1831. . . .	Z 18 »	3,541 50	35,415 »	
	oo »	900 »	9,000 »	
Totaux simples.	Sa. A 60 02	17,826 43	178,264 34	
	» »	» »	165,785 84	
3 Août et 3 Septembre 1831.	C			
Septembre 1831.	40 »	2,520 »	25,200 »	
	50 »	787 50	7,875 »	
Totaux simples.	Sa. A 90 . »	3,307 50	33,075 »	
	» »	» »	30,759 75	

D'après l...
lée.

Ainsi pour le territoire de la Flan...
   Idem,   Idem,   Cont...

°/₀	Différence.	
	h. a.	fl. c.
68	277 30	24,957 »
50	51 45	4,640 50
18	328 75	29,597 50

B. INONDATION DE 1831.

Tableau d'évaluation de l'indemnité du dommage, due aux propriétaires et fermiers.

DATES DES INONDATIONS.	POLDERS.	CONTENANCES TOTALES.	SURFACES INONDÉES PAR CLASSE. 1re.	2e.	3e.	4e.	TOTAUX.	MONTANT DE L'INDEMNITÉ PAR CLASSE 1re.	2e.	3e.	4e.	TOTAUX.
		h. a.	h. a.	h. a.	h. a.	h. a.	h. a.	fl. c.	fl. c.	fl. c.	fl. c.	fl. c.
	TERRITOIRE DE LA FLANDRE ORIENTALE.											
25 Octobre 1830.	Celui du Doel.	1,069 »	40 80	95 20	95 20	40 80	272 »	2,448 »	4,760 »	3,808 »	1,224 »	12,240 »
»		» »	7 50	17 50	17 50	7 50	50 »	400 »	875 »	700 »	225 »	2,250 »
»	» St-Anne Heetenisse.	629 »	» »	» »	» »	» »	» »	» »	» »	» »	» »	» »
3 Août 1831.	» de Calloo.	» »	86 85	202 65	202 65	86 85	579 »	5,211 »	10,132 50	8,106 »	2,605 50	26,055 »
»		1,471 73	120 »	280 »	280 »	120 »	800 »	7,200 »	14,000 »	11,200 »	3,600 »	36,000 »
»	Melsele { Polder.	» »	104 40	243 60	243 60	104 40	696 »	6,264 »	12,180 »	9,744 »	3,132 »	31,320 »
4 Août 1831.	»	928 »	» »	» »	» »	» »	terre lab.	» »	» »	» »	» »	» »
»	»	» »	34 80	81 20	81 20	34 80	232 »	2,088 »	4,060 »	3,248 »	1,044 »	10,440 »
»	»	» »	» »	» »	» »	» »	prairies.	» »	» »	» »	» »	» »
1er Septembre 1831.	{ Terre haute.	» »	45 »	105 »	105 »	45 »	300 »	2,700 »	5,250 »	4,200 »	1,350 »	13,500 »
20 Août 1831.	Polder royal.	8 »	1 20	2 80	2 80	1 20	8 »	72 »	140 »	112 »	36 »	360 »
»	» Krankeloon.	37 43	5 61	13 10	13 10	5 61	37 43	336 87	625 02	524 02	168 43	1,684 34
25 Octobre 1830.	Zwyndrecht { Pold. Borgenw.	787 »	118 05	275 45	275 45	118 05	787 »	7,083 »	13,772 50	11,018 »	3,541 50	35,413 »
Septembre 1831.	{ Terre haute.	» »	30 »	70 »	70 »	30 »	200 »	1,800 »	3,500 »	2,800 »	900 »	9,000 »
Totaux simples.	Sans déduction de 7 p. cent.	4,030 16	594 21	1,386 50	1,386 50	594 21	3,961 43	35,652 87	69,325 02	55,460 02	17,826 43	178,264 34
	Avec idem, idem, idem.	4,548 05	» »	» »	» »	» »	3,684 13	» »	» »	» »	» »	165,785 84
	TERRITOIRE CONTESTÉ.											
3 Août et 3 Septembre 1831.	Celui de Clara.	640 »	84 »	196 »	196 »	84 »	560 »	5,040 »	9,800 »	7,840 »	2,520 »	25,200 »
Septembre 1831.	Id., Passegueule.	420 »	26 25	61 25	61 25	26 25	175 »	1,575 »	3,062 50	2,450 »	787 50	7,875 »
Totaux simples.	Sans déduction de 7 p. cent.	1,060 »	110 25	257 25	257 25	110 25	735 »	6,615 »	12,862 50	10,290 »	3,307 50	33,075 »
	Avec idem, idem, idem.	985 80	» »	» »	» »	» »	685 55	» »	» »	» »	» »	30,759 75

OBSERVATIONS.

D'après le principe établi folio 26, le fermier a pour indemnité, autant que le propriétaire; l'indemnité ci-dessus doit donc être doublée.

	Sans déduction de 7 p. % h. a.	fl. c.	Avec déduction de 7 p. % h. a.	fl. c.	Différence. h. a.	fl. c.
Ainsi pour le territoire de la Flandre Orientale.	3,961 43	356,528 68	3,684 13	331,571 68	277 30	24,957 »
Idem, Idem, Contesté.	735 »	66,150 »	685 55	61,519 50	51 45	4,640 50
TOTAUX.	4,696 »	422,678 68	4,367 67	393,091 18	328 73	29,597 50

INO	TOTAUX.	
	fl.	*c.*
25 Octob	12,240	»
	2,250	»
3 Août	»	»
	6,055	»
4 Août	31,320	»
	»	»
	10,440	»
1ᵉʳ Septe	»	»
20 Août	13,500	»
	360	»
25 Octob	1,684	34
Septe	35,415	»
	9,000	»
Totaux s	142,264	34
	132,305	84

Les Pol
a eu lieu ion des eaux
submergé 2. Ayant été
n'a point l'inondation
des eaux. l'évacuation

Les 34
84
50

C. INONDATION DE 1832.

Tableau d'évaluation de l'indemnité du dommage, due aux propriétaires et fermiers.

DATES DES INONDATIONS.	POLDERS.	CONTENANCES TOTALES.	SURFACES INONDÉES PAR CLASSE.				TOTAUX.	MONTANT DE L'INDEMNITÉ PAR CLASSE.				TOTAUX.
	TERRITOIRE DE LA FLANDRE ORIENTALE.	h. a.	1re. h. a.	2e. h. a.	3e. h. a.	4e. h. a.	h. a.	1re. fl. c.	2e. fl. c.	3e. fl. c.	4e. fl. c.	fl. c.
25 Octobre 1830.	Celui du Doel.	1,069 »	40 80	95 20	95 50	40 80	272 »	2,448 »	4,760 »	3,808 »	1,224 »	12,240 »
»	» Ste-Anne Hecteniise.	» »	7 50	17 50	17 50	7 50	50 »	450 »	875 »	700 »	225 »	2,250 »
»		629 »	» »	» »	» »	» »	» »	» »	» »	» »	» »	» »
3 Août 1831.		» »	86 35	202 65	202 65	86 35	579 »	5,211 »	10,132 30	8,106 »	2,605 50	16,035 »
4 Août 1831.	Polder.	» »	104 40	243 60	243 60	104 40	698 »	6,264 »	12,160 »	9,744 »	3,132 »	31,320 »
»	Melsele.	928 »	» »	» »	» »	» »	terre lab.	» »	» »	» »	» »	» »
»		» »	34 80	81 20	81 20	34 80	232 »	2,088 »	4060 »	3,248 »	1,044 »	10,440 »
1er Septembre 1831.	Terre haute.	» »	» »	» »	» »	» »	prairies.	» »	» »	» »	» »	» »
20 Août 1831.	Polder royal.	» »	45 »	105 »	105 »	45 »	300 »	2,700 »	5,250 »	4,200 »	1,350 »	13,500 »
»	» Krankeloon.	8 »	1 20	2 80	2 80	1 20	8 »	72 »	140 »	112 »	36 »	360 »
25 Octobre 1830.	Zwyndrecht { Pold. Bergenw.	37 43	5 61	13 10	13 10	5 61	37 43	336 87	655 02	524 02	168 43	1,084 34
		787 »	118 05	275 45	275 45	118 05	787 »	7,083 »	13,772 50	11,018 »	3,541 50	35,413 »
Septembre 1831.	Terre haute.	» »	30 »	70 »	70 »	30 »	200 »	1,800 »	3,500 »	2,800 »	900 »	9,000 »
Totaux simples. Sans déduction de 7 p. cent.		3,458 43	474 21	1,106 50	1,106 50	474 21	3,161 43	28,452 87	55,325 02	44,260 02	14,226 43	142,264 34
Avec idem, idem, idem.		3,216 34	» »	» »	» »	» »	2,940 13	» »	» »	» »	» »	132,305 84

OBSERVATIONS.

Les Polders de Colloo (Flandre Orientale), Clara et Passegucule (territoire contesté) ont été mis à sec les 6 et 10 septembre; 5 et 10 octobre 1831, l'évacuation des eaux a eu lieu en temps convenable, pour faire les labours et semailles nécessaire pour la récolte de 1832, ils ne peuvent donc participer à l'indemnité pour 1832. Ayant été submergés dans la saison ou l'eau douce est au niveau d'été, ces Polders auront, comme les autres, des droits aux dépenses de restauration par la chaux. Si l'inondation n'a point cessé au mois d'octobre prochain, il y aura encore lieu, pour 1833, à une indemnité proportionnée à la durée de cette inondation et à l'époque de l'évacuation des eaux.

Les totaux ci-dessus sont de { sans déduction de 7 pour cent . . . . hectares 3,161 43 florins 142,264 34
{ avec idem, idem . . . . » 2,940 13 » 132,305 84

Différence . . . . » 221 30 » 9,958 50

D. RÉCAPITULATION GÉNÉRALE

offrant la comparaison entre le travail de M. l'Ingénieur et le mien, sur l'évaluation de l'indemnité, pour les années 1830, 1831 et 1832.

TERRITOIRE DE LA FLANDRE ORIENTALE.	Sans déduction de 7 p. %.				selon M. l'Ingénieur.		Différence.		Avec déduction de 7 p. %.				selon M. l'Ingénieur.		Différence.	
	h.	a.	fl.	cts.	fl.	cts.	fl.	cts.	h.	a.	fl.	cts.	fl.	cts.	fl.	cts.
Pour 1830, selon le tableau A.	1109	»	3,326	92					1031	37	2,861	16				
» 1831, » » » B.	3961	43	356,528	68	555,087	»	»	»	3684	12	331,571	68	516,230	91	»	»
» » la chaux, page 36.	»	»	178,264	35					»	»	165,785	85				
» » Réparations d'écluses, etc.	»	»	220,200	»	220,200	»	»	»	»	»	220,200	»	220,200	»	»	»
	5070	43	758,319	95	775,287	»	»	»	4715	49	720,418	69	736,430	91	»	»
L'opération de M. l'Ingénieur se borne à 1830 et 1831: notre différence est de.	»	»	»	»	»	»	16,967	05	»	»	»	»	»	»	16,012	22
Joint l'année 1832, tab. C. Mémoire.	3161	»	142,264	34	»	»	»	»	2940	12	132,305	84	»	»	»	»
Elle est de.	»	»	900,584	29	»	»	»	»	»	»	852,724	53	»	»	»	»
TERRITOIRE CONTESTÉ.																
Pour 1831, selon tableau B.	735	»	66,150	»					683	»	61,519	50				
» » la chaux, page 36.	»	»	33,075	»	133,792	»	»	»	»	»	30,759	75	124,426	56	»	»
» » réparations d'écluses, etc.	»	»	50,500	»	50,500	»	»	»	»	»	50,500	»	50,500	»	»	»
	735	»	149,723	»	184,292	»	»	»	683	»	142,779	25	174,926	56	»	»
La différence seulement sur 1831 (voyez l'observation tabl. C), est de.	»	»	»	»	»	»	34,569	»	»	»	»	»	»	»	32,147	31
Différences globales 1830 et 1831.	*Sans déduction de 7 p. %.*						51,536	05	*Avec déduction de 7 p. %.*						43,159	53

ale.) Par M. l'Ingénieur.

DES PO…	TEMPS [nécess]aire pour [que] les terres [inond]ées soient [dev]enues aus[si p]roductives [av]ant l'inon[datio]n.	PRODUIT MOYEN PAR HECTARE.		PERTE qui résultera du moindre produit des terres inondées pendant le nombre d'années indiqué dans la 9ᵉ colonne.	OBSERVAT.
		Avant l'inondation.	Depuis l'inondation jusqu'au moment où toute trace en aura disparu.		
POLD[ERS] SITUÉS SUR LE TERRITO[IRE] ORIENTA[L]		florins. cts.	florins. cts.	florins. cts.	
Polder du Doel. . .	0 ans.	40 0	20 0	54,400 0	
	»	» »	» »	» »	
Polder de Sᵗᵉ-Anne	0 ans.	40 0	20 0	125,800 0	
	»	» »	» »	» »	
Polder de Calloo. .	0 ans.	40 0	20 0	160,000 0	
	0 ans.	35 0	17 50	121,800 0	
Melsele. . . { Pold[er]	»	» »	» »	» »	
	2 ans.	35 0	17 50	8,120 0	
	»	» »	» »	» »	
{ Terr[es]	5 ans.	40 0	20 0	30,000 0	
Polder Royal. . .	0 ans.	50 0	25 0	2,000 0	
Polder Krankeloon.	0 ans.	50 0	25 0	9,357 0	
Zwyndrecht. . { Pold[er]	2 ans.	30 0	15 0	23,610 0	
{ Terr[es]	5 ans.	40 0	20 0	20,000 0	
. . . .		. . . . . .	. . . . . .	555,087 0	
POLDE[RS] SITUÉS SUR LE TERRITOIR[E]					
Polder Clara . . .	6 ans.	42 0	11 66	101,942 0	
	»	» »	» »	» »	
Polder de Passegueule	6 ans.	42 0	11 66	31,850 0	
	»	» »	» »	» »	
. . . .		. . . . . .	. . . . . .	133,792 0	

TABLEAU *indicatif des inondations dans le district de St-Nicolas* (Flandre Orientale.) Par M. l'Ingénieur.

INDICATION DES POLDERS.	de leur contenance. (hect.)	des surfaces inondées. (hectares)	DATE DU COMMENCEMENT DE L'INONDATION.	DATE DE LA FIN DE L'INONDATION.	DÉPENSES DES DIGUES. (florins cts.)	DÉPENSES DES ÉCLUSES. (florins cts.)	TOTAL DES DÉPENSES PAR POLDER. (florins cts.)	TEMPS nécessaire pour que les terres inondées soient redevenues aussi productives qu'avant l'inondation.	PRODUIT MOYEN PAR HECTARE. Avant l'inondation. (florins cts.)	PRODUIT MOYEN PAR HECTARE. Depuis l'inondation jusqu'au moment où toute trace en sera disparue. (florins cts.)	PERTE qui résultera du moindre produit des terres inondées pendant le nombre d'années indiqué dans la 9e colonne. (florins cts.)	OBSERVAT.
POLDERS situés sur le territoire de la Flandre Orientale.												
Polder du Doel.	1069	273	25 octobre 1830.	»	2,000 0	» »	2,000 0	10 ans.	40 0	20 0	54,400 0	
		50	idem.	»	» »	» »	» »	»	» »	» »	» »	
Polder de Ste-Anne Hecteniesse.	629	»	»	»	400 0	1,000 0	1,400 0	10 ans.	40 0	20 0	125,800 0	
		579	3 août 1831.	»	» »	» »	» »	»	» »	» »	» »	
Polder de Calloo.	1471-73	800	idem.	21 septembre 1831.	1,000 0	7,750 0	8,750 0	10 ans.	40 0	20 0	160,000 0	
Melsele. { Polder.	928	696 terres lab.	4 idem.	»	1,000 0	3,000 0	4,000 0	10 ans.	35 0	17 50	121,800 0	
{		232 prairies.	»	»	» »	» »	» »	3 ans.	35 0	17 50	8,120 0	
{ Terre haute.	»	300	1er septembre 1831.	»	» »	» »	» »	5 ans.	40 0	20 0	30,000 0	
Polder Royal.	8	8	20 août 1831.	»	» »	» »	» »	10 ans.	50 0	25 0	2,000 0	
Polder Krankeloon.	37-43	37-43	idem.	»	» »	50 0	50 0	10 ans.	50 0	25 0	9,357 0	
Zwyndrecht. { Polder Borgenweert.	787	787	25 octobre 1830.	»	194,000 0	10,000 »	204,000 0	2 ans.	30 0	15 0	23,610 0	
{ Terre haute.	»	200	septembre 1831.	»	» »	» »	» »	5 ans.	40 0	20 0	20,000 0	
TOTAL.		3961-43			198,400 0	21,800 »	220,200 0				555,087 0	
POLDERS situés sur le territoire belge contesté.												
Polder Clara.	640	560	3 septembre 1831. / 3 août 1831.	5 octobre 1831. / 6 septembre 1831.	20,000 0	2,500 0	22,500 0	6 ans.	42 0	11 66	101,942 0	
Polder de Passegueule.	420	175	21 septembre 1831.	10 octobre 1831.	3,000 0	25,000 »	28,000 0	6 ans.	42 0	11 66	31,850 0	
TOTAL.		735			23,000 0	27,000 »	50,500 0				133,792 0	

Vue de l'Etablissement Géographique
Entrée Principale

de l'Etablissement Géographique
du côté de l'Atelier.

Etablissements

DES RIVE L

indiquant les
ainsi que

Etablissement Géographique de Bruxelles

Fondé

Par

Ph VANDERMAELEN

CARTE TOPOGRAPHIQUE

DES RIVES DE L'ESCAUT OCCIDENTAL

et du

CANAL DE GAND

à

TERNEUZEN

indiquant les Polders, Digues, Ecluses, Watteringues

ainsi que les limites des Flandres et de la Zélande

par A.E.G. 1832

Les relations multipliées de l'auteur avec la Zélande l'ont mis à même de relever tous les renseignements qui composent ce travail pour lequel Monsieur A.E.G. possédait en outre plusieurs plans originaux des triangulations et d'un grand nombre de propriétés de sa famille.

Il appartenait à la longue expérience de l'auteur et à sa parfaite connaissance de tous les ouvrages de construction exécutés, jusqu'à ce jour dans ce pays de traiter un sujet de cet importance.

une très grande feuille de 90 centimètres de longueur sur 66 centimètres de largeur

Prix 4 Florins